理科少女の料理實驗室 2

少了誰都不行的友情果凍！

山本史 やまもとふみ 著

nanao 繪

緋華璃 譯

目錄

人物介紹

佐佐木理花

小學五年級，最討厭理化了！
但是，事實上……

廣瀨蒼空

小學五年級，班上最帥的男生！
正在學習如何當一名甜點師傅？

金子百合

小學五年級，
理花和蒼空的同班同學。

石橋脩

小學五年級，班上的轉學生。
興趣是學習。

理花的媽媽

不太會做飯，
比較擅長吃東西。

理花的爸爸

在大學當老師，
非常熱愛甜食。

蒼空同學的爺爺

Patisserie Fleur
唯一的甜點師傅。

1 圖書館的相遇

「啊……好涼快啊！」我穿過市立圖書館的自動門，空調送過來的冰冷空氣進到我的體內，我用力的深呼吸，感覺停止流汗了，頓時，整個人覺得神清氣爽起來。

「夏天到了。」爸爸也用手帕拭去額頭上的汗水。

剛進入七月，從窗戶看出去，天空十分晴朗。這陣子的天氣一直陰陰的，已經許久不曾看過這麼美麗的藍天。印象中，新聞好像說過梅雨

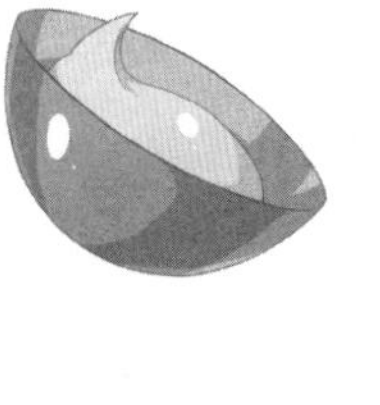

季節快要結束了。

「天氣這麼熱，在戶外運動要小心中暑，蒼空同學今天不是要打棒球嗎？應該不會有事吧？」我有點擔心。

蒼空同學——廣瀨蒼空是我的同班同學，是個男孩子，我最近正在跟他一起做甜點。

蒼空同學想當甜點師傅，目前正在努力學習，我則以「實驗」的方式幫助他！話雖這麼說，但是最近這一個月，蒼空同學參加的棒球隊，在比賽中屢戰屢勝，根本不太有時間練習做甜點。因為蒼空同學是投手，不方便請假。

不過，比賽總算要結束了，今天是久違的甜點練習日，所以下午之後，他會來我家的「實驗室」。

好期待啊！

我看著天空，忍不住笑了起來。

「爸爸上去二樓看資料，如果你想借書，可以自己先選！」

「嗯，我知道了。」

見我點頭，爸爸迫不及待的爬上樓梯，前往二樓的專業書區。

爸爸是理學博士，在大學裡教科學，他非常喜歡科學，今天來圖書館的目的，就是為了尋找家裡沒有的專業資料，爸爸問我要不要一起來？我就跟著一起來了。受到爸爸的影響，**我也很喜歡理化！**

這間市立圖書館就在學校後面，一樓有很多的一般書籍、童書和圖鑑。我討厭理化的那段時間，不曾再踏入這裡，所以很久沒過來了，現在，我的內心充滿了期待。

這裡有很多家裡沒有的書，多到讓我不禁在想，這裡到底有多少書啊？我興沖沖的一邊挑選想看的圖鑑，一邊往裡面走。

因為不可能把館藏的書籍全部借回家，所以我先在這裡看我想看的書。如果有什麼感興趣的內容，還可以先寫下來。

我看著手裡的實驗筆記，筆記上面寫了很多理化相關的資料，這些資料經常能派上用場，像是上次做甜點的時候，也發揮了好幾次作用，當然裡面也一字不漏的記錄著我和蒼空同學做甜點的事。像是甜點為什麼會失敗？失敗的原因是什麼？該怎麼做才能成功？差別又在哪裡？

有朝一日，希望這些資料能幫助我實現目標——完成「**殿堂級的實驗**」。

「這區看過了……接下來再去童書區看看吧！」我選了幾本書，滿心期待的走向閱覽區，經過陳列食譜的區域時，我停下腳步。

「食譜啊……」

我對做菜其實沒什麼興趣，在家裡也很少幫忙。可是自從和蒼空同學一起做甜點後，我開始對做菜產生了興趣，因為做菜跟做實驗簡直一模一樣！

我忍不住停下腳步，由右至左，仔細瀏覽著那些封面上印有美味甜點照片的雜誌。

「咦？」

似乎有什麼東西吸引了我的目光，我抬起視線往上看，只見雜誌區的上方陳列著一整排的書籍，看起來都是又厚又難的料理書，我心想：

「這大概是給專家看的書……」

這時，有個字眼映入我的眼簾。

「啊？」

那個字眼是「理化」兩個字。

我的眼睛簡直就像裝了感應器！我忍不住微笑了起來。

由下面往上看，我無法看見所有藏在書架裡的書名，但確實寫著「理化」兩個字。

「為什麼呢？這裡明明是料理書的區域。」

那本書放在從上面數下來的第二層，就在我的手勉強能夠碰到的高度，我踮起腳尖，好不容易碰到那本書。

「封面寫著《理化與料理的美味關係》。」光看到書名，我就想借閱了，這可是料理和科學的書呢！

我想起蒼空同學的爺爺，他是甜點師傅，而我的爸爸是理學博士，他們都說過「料理即科學」。

我翻了一下，裡面有很多圖片，看起來很有趣的樣子。

「好多看不懂的英文單字……」

我皺起眉頭，看來，要讀懂這本書或許不是一件容易的事。但我還是緊緊地抱住那本書，捨不得放下。心想如果有看不懂的單字，再查字典就好了！

就在這個時候……

「妳喜歡理化嗎？」背後傳來聲音。

我回頭一看，那個聲音透亮的主人是個男孩子，他有著柔柔亮亮的頭髮、有如新月般好看的眉毛、眼鏡後面的雙眼，眼尾微微往上翹，神情有點像貓咪。隔著鏡片，就可以看到他清澈漂亮的眼睛。

他的身高跟我差不多，感覺年紀比我大一點，樣子有點成熟。

我從來沒見過這個人，他是誰？第一次見面的人怎麼會問我這種問題？想到這裡，我眨了眨眼，男孩噗哧一笑的說：

「這是妳的吧？佐佐木理花同學。」男孩遞過來的東西竟然是我的實驗筆記？

咦？怎麼會在他手上？

「妳把它掉在那裡了，理花同學，妳幾年級呢？」他直接喊我的名字，還問我幾年級？我的臉一下子紅了起來。

筆記本上面寫著我的名字，他只是剛好看到而已。可是……我不習慣男生直接喊我的名字，就連蒼空同學喊我的名字，我也是好不容易才慢慢適應的！

「五、五年級……」我接過實驗筆記，有點不好意思的說：「你怎麼知道是我掉的？」我覺得很不可思議。因為就算上面寫了我的名字，他也不知道我就是佐佐木理花，更沒道理知道筆記本是我的。

可是他卻充滿自信，毫不懷疑的認為這是我的筆記本？

「因為除了妳以外，這裡其他人都不像是這本筆記本的主人。」他指著我懷裡的書，最上面的那本正是《理化與料理的美味關係》。

原來如此！

這時，我看到男孩手裡拿的書，忍不住就脫口而出：「元素圖鑑！我家也有一樣的書呢！」

男孩睜大雙眼，笑顏逐開的說：

「妳家也有？好令人羨慕啊！」

「那本書真的很好看！」因為這是我第一次遇到年紀跟我差不多，又對這本書感興趣的人，不自覺的就想多聊幾句。

「不過，我只看了一點點，理花同學喜歡哪個元素呢？」男孩笑嘻嘻的問我。

「嗯……我喜歡『碳』，鑽石和鉛筆的筆芯都有碳元素，可是這兩種東西明明就不一樣。」

「我倒是覺得『銅』很有趣。」

「沒錯！銅很容易導電，還可以用來製作電線！」我太激動了，嗓門不由得大了起來！

「噓！」

一旁的圖書館員豎起食指，抵在嘴巴前，看著我們。

啊！在圖書館要保持安靜！

「對不起……」

我感到無地自容，男孩則是咯咯咯地一直笑著，就在這個時候，爸爸下樓來了。

「理花，我們該回家囉！想看的書都選好了嗎？」

「嗯！差不多了。」

爸爸微微一笑，看見我身旁的男孩。「這位是理花的同學嗎？」

「他……」這麼說來，我還不知道他叫什麼名字。

可是那個男孩子只是禮貌的點點頭後，笑而不答。

「改天見，佐佐木理花同學。」男孩點頭致意，然後轉身離開。

改天見……天曉得我們還會不會再見？真想再跟他多聊一會兒，我從來沒有機會跟年紀差不多的人聊過理化相關的話題，覺得有點可惜。

不過……**蒼空同學還在等著我呢！**

想到這件事，我馬上開心的連蹦帶跳，跟著爸爸回家。

2 殿堂級的甜點

「理花，好久不見！」朝氣蓬勃的聲音迴盪在實驗室裡，這是蒼空同學的聲音。

蒼空同學俊朗的眉毛底下，是一雙熠熠生輝的大眼睛，感覺就像太陽公公般燦爛、耀眼。蒼空同學人如其名，不比晴朗的藍天遜色，今天也是英姿颯爽！

「棒球練習得如何？很熱吧？」我問蒼空同學，他露齒一笑。

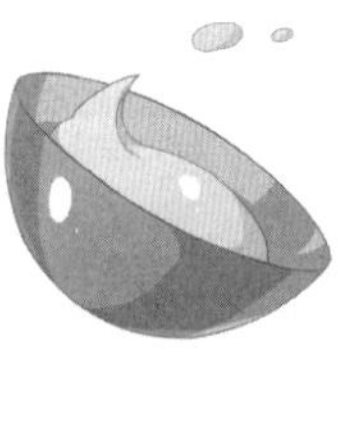

「嗯！比起真正的夏天，現在已經輕鬆多了。不過，這不是今天我來這裡的重點，我其實有事要跟妳商量！」

蒼空同學把臉湊了過來！我嚇了一跳！這已經不是第一次了，蒼空同學每次有事拜託別人時，臉都靠得好近！

他確實長得很好看，但這麼好看的臉靠得太近，會令人覺得緊張，所以拜託他還是別靠得這麼近！

「什、什麼事？」我稍微把臉避開。

蒼空同學回答：「爺爺說他願意告訴我『夢幻甜點』的製作方法了！」

「真的嗎？」這句話引起我的興趣，身體也自然地往蒼空同學的方向前傾。同時，我也提出疑問：「但是爺爺之前不是總說沒有夢幻甜點嗎？」

「最近店裡不是來了一個新的員工嗎？我們都叫他葉大哥，還為他舉辦迎新會，沒想到卻聽見他對爺爺說：『夢幻甜點是騙人的吧？只是大家道聽塗說，根本沒有那種東西吧！』我簡直嚇壞了！因為從來沒有人敢這樣跟爺爺說話！」

光是想像，我也難以置信，因為那個嚴肅的爺爺怎麼可能說謊？

蒼空同學看到我的反應，似乎很滿意的接著說：「所以爺爺被激怒

了，也可能是喝醉了，平常總是說才沒有那種東西的人，這次居然改口承認了。」

「什麼？爺爺承認了嗎？」那個頑固的爺爺嗎？我嚇了一大跳，蒼空同學點點頭。

「可是葉大哥還是不相信，一直說少騙人了。爺爺氣急敗壞的說有！葉大哥又說『要是真的有，那您教我啊！』結果爺爺騎虎難下，再也不能繼續否認。」蒼空同學呵呵的笑著，看起來很高興的樣子。「爺爺雖然很不甘願，但也只能回說『如果你能做出令我滿意，拍案叫絕的甜點，我就教你。』所以我也馬上跟著舉手，如果我也能做出令爺爺滿意的甜點，他也可以教我嗎？爺爺居然說『真拿你沒辦法……』這話聽起來像是答應我了。」

「啊啊啊！太棒了！」這下子，蒼空同學可以一口氣拉近與「夢幻甜點」的距離了！

看到我如此興奮，蒼空同學點頭如搗蒜。

「理花，妳一定要幫我！」

「這有什麼問題！」我也點頭。

蒼空同學的表情頓時明亮了起來，可……可是……我突然想到一個問題：「什麼是……能讓爺爺滿意的甜點？」

蒼空同學聽到我的問題也愣了一下，反射性的回答：「當然是『殿堂級的甜點』！」

「殿堂級的甜點又是什麼？」蒼空同學被我問得無言以對，他從背包拿出平板電腦，打開之後，輸入「殿堂級的甜點」這個關鍵字，結果只搜尋到甜點店的廣告。

「要是這麼簡單就能搜尋到答案，那也稱不上『殿堂級』了，真是傷腦筋……」

我們彷彿被潑了一桶冷水。

殿堂級、殿堂級……我自言自語，不禁想起我在圖書館時，看到那本像是給專業廚師看的食譜。如果是那本看起來又厚又專業的書，說不定會有什麼提示？

「好吃是一定要的，還要能讓爺爺這種專家拍案叫絕的甜點，想必也不能太簡單吧……」

「有難度的甜點嗎？」蒼空同學念念有詞，在平板電腦裡輸入這句話，畫面出現了「難度極高的頂級甜點」的網頁。

蒼空同學的眼睛瞬間發亮，我趕緊要他冷靜。

「這會不會太難了？」我戰戰兢兢的提醒他，蒼空同學彷彿沒聽見，全神貫注的盯著平板電腦研究。

我又喊了他一次：「蒼空同學？」

「什麼？」蒼空同學這才抬起頭來。

然而，螢幕裡的美味甜點照片，已經烙印在他閃閃發光的眼睛裡了，我有一股不妙的預感……

3 怪怪的轉學生

第二天，我一到學校，就察覺到班上的氣氛有些浮躁，我問隔壁桌的同學發生什麼事了？

「聽說有轉學生。」

隔壁桌的同學小小聲的說，激起了我的好奇心。

學校經常有轉學生，可是，通常轉學生都是在剛開學的時候轉來，學期中比較少見，更令人好奇，會是個什麼樣的同學呢？

「長得超帥的！」

耳邊傳來尖叫聲，我抬起頭，望向教室入口，只見百合同學她們都圍在門口。

那個瞬間，我和百合同學剛好對上眼。

百合同學立刻撇開視線，彷彿根本沒有看見我。唉……看來要和好果然沒那麼容易。

「我喜歡理化。」

自從我對她說出真相，我和百合同學之間就變得怪怪的。感覺就像是不曉得該怎麼相處才好？

我也一樣，所以我能體會她的心情。

雖然沒有吵架，但我那句話等於表示三年級發生的事，對我造成了傷害，雖然「妳很奇怪」這句話並不是壞話，我相信百合同學也沒有惡意，但我還是覺得受傷，可能是我太敏感，所以也沒有希望她向我道歉的意思。然而，百合同學可能以為我希望她向我道歉，所以才會表現出她又沒做錯事的態度。

在根本沒有吵架的情況下……不對，正因為沒有吵架，所以才更難和好吧？

到底該怎麼辦才好？我和百合同學之間只能一直這樣尷尬下去嗎？

就在我心情有點低落的時候，老師來到了教室門口。

「大家都別看了，快回座位！」老師大聲說道。

我們的級任導師是中山老師，他是一位充滿活力的男老師，人很親切，不過個性有點脫線，深受同學們的喜愛。

「從今天開始，我們班上將有一位新同學！」

全班同學開始竊竊私語。老師從門口走進教室，看到跟在老師背後的男生，我小聲「啊」了一聲！

是昨天在圖書館遇到的那個人！

老師走上講台，對他說：「上台自我介紹一下吧？」

那個男生點點頭，以平靜的語氣流暢的說：「我叫石橋脩，因為爸爸調職搬來這裡，大家叫我『脩』就可以！」

老師在黑板寫下「石橋脩」的名字，原來是脩同學啊！

大家都以充滿好奇的眼神看著他，坐在最前面的男生舉手發問：

「我有問題！」

老師看了脩同學一眼，脩同學點點頭，表示接受任何問題。他的一舉一動都相當鎮定，看起來十分成熟。

「你之前住在哪裡？」舉手的同學問。

「福岡縣。」

我記得福岡縣是日本九州最北邊的縣，他從好遠的地方搬來啊？

「你有兄弟姊妹嗎？」

「我有兩個妹妹，還在上幼稚園。」

又有人問他：「你的興趣是什麼？」

脩同學似乎有一瞬間的遲疑，然後微笑回答：「學習。」

「我是問你有什麼興趣呢？」

「我的興趣就是學習啊！」

所有人同時嚷嚷：「什麼？」

「真不敢相信！」

「哇！原來是書呆子啊！」有人發出聽不下去的叫喊聲。

坐在我旁邊的女生說：「不敢相信有人居然喜歡學習！好奇怪！」

這些聲浪開始在教室裡傳開，我突然覺得呼吸困難，感覺倏同學似乎也是如此……

我真的好想告訴他，**你一點也不奇怪！**如果問我放假的時候在做什麼？我不是在看圖鑑，就是在看電視播放的動物紀錄片。爸爸常說，這些也是學習的一環，就連和蒼空同學一起做甜點時，也像是在做理化的實驗。

這麼說來，我的興趣也是學習。我很喜歡學習，相信其他人也曾在不知不覺的情況下「學習」！

我突然在意起蒼空同學的反應，不動聲色的望向教室後面，那個靠近門口的座位，只見蒼空同學露出嚴肅的表情看著倏同學，我猜他的心情大概也跟我一樣。

我從蒼空同學的反應中得到一點勇氣，為了壓過一點聲浪，我小小聲的說：「學習可以弄懂不明白的事，真的很開心呢！」

這時，老師「啪、啪」的拍了兩下手，制止大家繼續議論紛紛。

「自我介紹就到此為止，至於石橋同學的座位，讓我想一想啊……」

老師往教室裡看了一圈，這時倏同學用手指頂了頂眼鏡，主動指一個方向說：「我想坐在那裡，以免看不見黑板。」

脩同學指的居然是我旁邊的座位？我的眼珠子都要掉出來了。因為我的位置是從前面數過來第二排的靠窗座位，確實前排比較能夠看清楚黑板，但總覺得……他這個選擇有點故意。

可是老師卻很乾脆的決定了：「這樣啊！那，那邊的那位同學，你願意換一下座位嗎？」

被老師問到的同學先是愣了一下，但他本來就很討厭坐在前面，所以馬上高興的抬起桌子，換到後面去了。

「佐佐木同學，如果新同學有什麼不懂的事情，妳要負責教他，大家也要主動多幫助新同學！」

脩同學在我隔壁的空位放下新課桌，說了一聲：「請多多指教」，其他同學順勢往後移動一個座位。

搬動桌椅的聲響中，脩

同學笑著對我說：「很高興能再見到妳。」

咦？

我呆若木雞的看著脩同學，他說什麼？

脩同學瞇起眼睛，微微一笑，然後壓低了音量說：「我說看不見黑板是騙人的，我喜歡聰明的女生。」

「欸？欸欸欸欸欸——」

騙人的吧？還有，他說喜歡是什麼意思……？

「怎麼了，佐佐木？」老師見狀問道，我連忙驚慌失措的回答：

「沒、沒什麼！」我邊說邊低下頭，因為擔心老師看出我的困窘。

剛、剛才是什麼情況？

我實在是太慌張了，但脩同學之後都以非常正常的態度跟我說話，像是問我：「暑假有幾天？」「老師兇不兇？」等問題，每次下課都神態自若的與我聊天，而且都是一些普通的問題。所以，放學的時候，我已經開始懷疑那句話是不是我聽錯了？

一定是聽錯了。

沒錯！因為我一點也不聰明！只是理化成績稍微好一點而已！我真

是太自作多情了！他一定覺得我很大驚小怪！

丟臉歸丟臉，但也覺得鬆了一口氣，正要回家的時候，脩同學從後面跟上來。

「佐佐木同學，妳家也是這個方向嗎？」

我點點頭，脩同學很開心的笑著說：「我也是往這個方向走，我住在那棟大樓。」脩同學指著我家再過去一點的大樓，很多轉學生都住在那裡，他果然也是！

我邊想邊往前走，脩同學極為自然的走在我旁邊，問道：「佐佐木同學，妳平常都看哪些書？」

「我想想……多半是圖鑑吧？」

「例如元素圖鑑嗎？」

這麼說來，我想起在圖書館的邂逅，那天真的很快樂。

「對呀！」

「可以繼續討論上次的話題嗎？『銅』的話題才討論到一半。」

「呃……可以啊！」

「銅也可以用來製成十圓硬幣呢！那妳知道一圓的日圓硬幣是用什麼做的嗎？」

有點緊張的同時，我發現自己竟然也有些期待？因為我以前從來不敢跟朋友討論這方面的話題。

「一圓的日圓硬幣是用『鋁』做的！因為鋁很輕，又很堅固，書上說鋁也可以用來製造飛機……」

「真的嗎？果汁的易開罐也叫鋁罐，確實很輕呢！」

太好了，他沒有嚇到！我很高興，越聊越起勁。

「……花！」

「那你知道五十圓的日圓硬幣是用什麼做的嗎？」這次換我提出問題，只見脩同學的視線有些飄浮不定。

「我記得是……白銅？書上寫說白銅是銅和鎳的合金。」

「答對了！」我的聲音一下子提高了八度。脩同學居然知道合金？好厲害！

「理花！」

我說：「好厲害啊！知道一圓和十圓硬幣材質的人不少，可是知道五十圓和五圓硬幣材質的人真的不多呢！接下來——」

脩同學突然看了看右手邊：「從剛才就聽到有人在叫『理花』，理花是妳的名字吧？」

理花？

只有一個人會這樣叫我，難不成……我心裡一驚，四下張望，眼前是種著那棵大櫻花樹的岔路，往右走是蒼空同學的家，他經常在轉角等我，我望向那條路，可是路上沒有半個人。

「蒼空……同學？」

見我喃喃自語，脩同學問道：「蒼空？是誰啊？」

我輕輕搖頭，是我的錯覺嗎？因為路上沒有其他人。話雖如此，但我總覺得蒼空同學好像在等我……

4 志趣相投

「石橋同學，那本圖鑑是不是最新版的？」

第二天下課的時候，脩同學正在看他帶來的圖鑑，我按捺不住好奇心的問他。因為他看的是我一直很想要的最新版**昆蟲圖鑑**！而且那本書還附贈影音光碟呢！真的好羨慕啊！要不要請爸爸媽媽買給我當生日禮物呢？

「叫我脩就好了，我想快點跟班上同學打成一片，其他人也都喊我

脩不是嗎？」

他都這麼說了，如果再喊他的姓氏，反而是我不好意思了。

「脩、脩同學……」

聽我這麼叫，脩同學笑得很開心，馬上接著說：「那我也叫妳理花同學好了。」

理、理花同學？

見我愣住，脩同學只是繼續發問：「理花同學是不是很喜歡昆蟲？」

看來他已經打定主意要直接喊我的名字了，我覺得他有點強勢，但我還是順著回答他的問題。

「對啊！」

我終於敢承認了！

雖然還不敢大聲說出來，但是拜蒼空同學所賜，我已經敢承認自己喜歡昆蟲了。

說到蒼空同學……我悄悄地望向蒼空同學的桌子，只見蒼空同學正看著窗外發呆，一點都不像平常總是精力充沛的他，我突然想起昨天放學之後的事情……

「理花！」

那是我的錯覺嗎？

「妳喜歡什麼昆蟲？蝴蝶嗎？還是獨角仙？」脩同學的問題接二連三的飛來，我連忙收起心神。

「嗯……我想想……我喜歡吉丁蟲……還有飛蝗之類的。」

「喔？感覺你很專業。」脩同學看起來很高興的樣子。

「石橋……」我才剛開口，脩同學藏在眼鏡後面的雙眼便閃過一道寒光，看樣子他很堅持名字如何稱呼的事情。

「脩、脩同學呢？」

沒辦法，我只好重新再喊一次，這次，脩同學滿意的笑了：「我喜歡鍬形蟲，我家有很多鍬形蟲。」

「你養的嗎？」

「為了觀察，去年我抓了很多幼蟲……妳知道這一帶哪裡可以抓到鍬形蟲嗎？」

「我想想……」我陷入沉思，倏同學把頭湊過來，像是要跟我說悄悄話似的小聲說：「可以的話請帶我去，我對這一帶還不太熟。」畢竟他才剛搬來嘛！

我開始在腦海中彙整幾個可以去的地方，像是河邊的公園，還有公民館後面的樹林，這些地方都不遠。回想起以前跟爸爸抓到很多昆蟲的地方，我也不禁興奮了起來。

「好啊！」

「那今天放學就去？」

抓昆蟲嗎？好久沒去了！

我正要點頭時，老師走進來打斷了我們的交談：「準備上課了！大家快回座位！」

當天放學之後，我經過櫻花樹的轉角時，耳邊傳來蒼空同學的聲音。

「理花！妳今天要來Patisserie Fleur嗎？我有東西想讓妳看。」

他好久沒約我去Patisserie Fleur了！跟上次提到的「殿堂級的甜點」

有關嗎？我下意識的就要答應時，突然想起——

啊！今天不行。

「抱、抱歉，我今天已經跟脩同學約好了。」

「脩……你是說那個姓石橋的轉學生嗎？話說回來，妳怎麼會直接喊人家的名字？」

「那是因為……脩同學希望我直接喊他的名字。他還……說大家都這麼叫他……」感覺蒼空同學好像在責備我，我的音量越來越小。

咦，他好像生氣了？為什麼？

蒼空同學不開心的板著臉。「妳和脩約好做什麼？」

「他要我告訴他這附近有什麼地方可以抓到昆蟲……」我看到蒼空同學的臉色越來越難看，最後，他有些惱怒的說：「理花，妳要我別在學校裡找妳說話，為什麼倏就可以？」

「咦？」

這是什麼問題，我一時語塞。

「咦，呃……為什麼？那是因為……」這有什麼好問的？倏同學才剛轉學過來，老師也說如果他有什麼不明白的地方，要我幫助他。我剛好坐在他旁邊，當然要對他親切一點，不是嗎？

另一方面，如果我跟蒼空同學在學校互動密切，萬一引起誤會的謠言就糟糕了……

我正想解釋，突然決定煞車！

不可以——這種事絕不能直接告訴本人！

看到我無法好好說明，蒼空同學怒火中燒，只見他皺起眉頭，我被他的表情嚇到了。

「我知道了。」

蒼空同學嘆了一口氣，露出無奈的笑容。看到他的模樣，我感覺心臟像是縮成一團，喘不過氣來。

他知道什麼？我連忙追問：「那、那個，你剛才說想給我看的東西是什麼？如果可以等我捉完昆蟲……」聽起來好像藉口。

蒼空同學臉上浮現另外一副表情，看起來有點強顏歡笑，他說：「不用了，沒什麼重要的事，抱歉打擾妳了……理花喜歡理化，肯定覺得抓昆蟲比較開心！」蒼空同學往Patisserie Fleur的方向跑開，他的樣子好像怪怪的……

「蒼空同學，等一下。」抓昆蟲比較開心？他是不是誤會了什麼？我的內心湧起一陣陣的不安。我忍不住大喊：「蒼空同學！夢幻甜點呢？殿堂級的甜點呢？」

蒼空同學倏的停下腳步，然後慢慢地轉過身來看著我說：

「別擔心，我一個人也能完成。」蒼空同學的嘴角掛著微笑，眼神卻一副快哭出來的樣子，露出非常孤單的表情。

「什麼意思？」

怎麼回事？他不是前幾天才要我幫忙嗎？

「沒關係，理花……理花只要和喜歡『理花』的人，做自己喜歡的事就好了。」

「喜歡『理化』的人……是指誰？」（譯註：日文理花和理化的發音相同）

倏同學是很喜歡理化沒錯啦……可是這跟我要不要跟蒼空同學一起做實驗沒有任何關係啊。平常的蒼空同學是會把情緒都寫在臉上的那種人，但我不明白蒼空同學這次想要表達的是什麼？

蒼空同學一時語塞，索性什麼也不說，自顧自的朝著 Patisserie Fleur 的方向前進。

「蒼空同學？」

任憑我在後面喊破了喉嚨，蒼空同學彷彿什麼都沒有聽見，頭也不回的跑開。

欸？欸欸欸？這、這是怎麼回事？這該不會……就是所謂的「拆夥」危機？

5 一 資格被剝奪了？——廣瀨蒼空的故事

「我都有好好練習，爺爺也說過，每天不間斷的練習很重要……」

我對自己說。

可是……握著打蛋器的手已經使不上勁了，我的手臂不聽使喚，只能無奈的嘆一口氣。

星期三是Patisserie Fleur的公休日，爺爺和葉大哥只有星期二的下午到星期三的上午能放假，所以每逢星期二的傍晚，店裡的烘焙坊沒人使用，也是我唯一可以利用烘焙坊練習的時間。

因為在家裡的廚房練習時，媽媽會嫌我礙事，更重要的一點是，家裡的廚房太小了。所以我很期待每週一次可以使用烘焙坊的時間，原本應該是這樣的……原本對擺在桌上的東西，我會感到雀躍。

可是……

「唉！真想讓理花看到這個……」我一把抓住頭髮，把頭髮抓得亂七八糟，然後抱著頭，一屁股坐在圓板凳上。

抓昆蟲比做甜點更開心嗎？還是說……比起抓昆蟲，其實跟脩在一起更開心？我的腦海中浮現這個想法時，胃好像也變得沉甸甸的。

「她看起來很開心的樣子。」

如果理花覺得抓昆蟲比做甜點還開心，那也不能勉強她，是我自己說過放棄喜歡的東西太可惜了，所以，我怎麼可以阻止理花呢？我不但不能阻擋，還得為她加油打氣才行。

「即使沒有理花……我一個人也沒問題吧？」我自言自語。

爺爺也從醫院回來了，或許還會傳授我「夢幻甜點」的作法。

「就算只有我自己一個人，也要努力做出殿堂級的甜點。」我在內心自我鼓勵。

我站起來，翻開料理台上的書，心想只要能夠掌握訣竅，就可以完成「殿堂級的甜點」，就算一個人也可以辦到。

前天用平板電腦搜尋時，找到有一款高難度的甜點——那款「殿堂級的甜點」叫做「沙河蛋糕」，號稱是「巧克力蛋糕之王」。網頁雖然沒有寫出作法，但是在這個烘焙坊裡其實有……祕密武器！

我在新員工葉大哥的私人物品裡面，看到一本專門介紹西點的書，上面的甜點作法都是高難度，品項也琳瑯滿目，是專門寫給專業人士看的食譜。

我向他表示想要借看，葉大哥馬上指著書架回應，讓我隨時都可以拿來看。葉大哥很慷慨，他跟爺爺完全不一樣。

我躍躍欲試，但翻開沒兩頁就卡住了。我找到介紹沙河蛋糕的頁面，那是一種巧克力蛋糕，法文是Sachertorte，整塊蛋糕都裹上巧克力，照片看起來確實很有國王的風範，問題是……

「嗯……嗯？」

這、這也太難了吧！書上印滿了密密麻麻的小字，雖然也有很多照片，但字更多，簡直就像螞蟻一樣的小字！

「而且都是漢字！讓我瞧瞧……味道充滿了巧克力的存在感？」

全都是筆劃很多的漢字，看得我一個頭兩個大。幸好還能夠看得懂份量的部分，只要能看懂大概就行了吧？相信一定會有辦法的……我仔細翻看書裡面，希望看懂作法步驟。

「首先是材料……」

麵粉、可可粉、巧克力、奶油、砂糖、蛋黃、蛋白和可可脂、香草精、杏桃果醬。需要的材料好多啊！幸好這裡是蛋糕店，該有的材料都有。

我打開冰箱，冰箱裡有很多的巧克力片，裝著巧克力片的紙箱上面，寫著一大堆的英文字。

嗯，有這麼多材料的話，只用一點點沒關係吧？應該不會被發現……希望不會被發現……

「呃……先在模型裡塗上奶油？然後放進冰箱裡？等到奶油凝固，

再為麵粉過篩，一開始就好麻煩啊……」稍微跳過幾個步驟也沒關係吧？只跳過一些細節，應該沒什麼大礙。

我塗上奶油，為麵粉過篩之後，就直接跳到下一個步驟。

「將麵粉和可可粉過篩，在調理盆中放入剁碎的巧克力……再用熱水融化……這個字要怎麼念？」

融化……融化的意思應該是指加熱吧？我將巧克力放進鍋子裡，開火，沒想到……過了一會兒，巧克力就開始咕嘟咕嘟的冒泡，甜膩的味道與水蒸氣一起散開。

「哇！怎麼會這樣？」

與其說是融化，不如說是油從咖啡色的固體裡源源不絕地湧出，而且鍋子還開始冒煙，甜膩的味道立刻瀰漫至整間烘焙坊，感覺就要滲透到身體裡了。

「慘、慘了……」跟照片完全不一樣。

「媽呀！鍋子燒焦了！糟糕！」

就在我手忙腳亂時，背後傳來——

「你這小子！蒼空，你在搞什麼鬼！」我望向烘焙坊的門口，爺爺一臉凶神惡煞的站在那裡。

「啊，爺爺您怎麼來了？」

這下完蛋了！

「我聞到奇怪的味道，過來看看……這是怎麼回事？鍋子都燒焦了！焦成這樣，這個鍋子已經不能用了……」

「啊？洗乾淨也不行嗎？」

「燒成這副德性，會影響食物的風味。」爺爺平靜的說。他越平靜，我越無地自容。「還有……巧克力要隔水加熱。」

「隔水加熱？」

「必須用熱水讓巧克力融化，不然油水會分離，這可是做甜點的基本常識，一定要記起來。」

「我看不懂。」

「你要知道看懂標示是非常重要的一件事，如果你有看懂，就不會拿這個來用了。」

爺爺指著巧克力的包裝紙，我定睛一看，那是我從未在超市看過的陌生包裝盒。是英文嗎？下一秒鐘，我馬上恍然大悟。

「這種巧克力是從法國進口的舶來品，因為國產的巧克力做不出我們家蛋糕的味道。即使同樣都是巧克力，味道也完全不同。所以每種材料都要配合製作的甜點精挑細選，不能輕易浪費。」

我感覺腦袋被狠狠地敲了一記……因為這裡有很多巧克力，我還以為用掉一點沒關係，沒想到是那麼珍貴的巧克力。

我……連這麼基本的事都不知道，就浪費了珍貴的材料！我根本連當徒弟的資格都稱不上。

「爺爺……對不起。」我好不容易擠出道歉的話。

「看來讓你進烘焙坊還太早了。」

看到爺爺失望透頂的樣子，我越來越沮喪。連最基本的常識都不懂，這樣還想當爺爺的徒弟，我簡直太沒用了。

看見我情緒低落，像是世界末日來臨般的表情，爺爺皺起眉頭，憂心忡忡，他往烘焙坊裡看了一圈。

「你今天……是自己一個人啊？」

因為只有我一個人……所以才會失敗嗎？難道我一個人就什麼也辦不到嗎？爺爺這句話聽起來好像就是這個意思。

我垂頭喪氣的抱著膝蓋，蹲在地上。

實驗！理花的科學講座……①尋找好吃的巧克力！

牛奶巧克力、黑巧克力、白巧克力……巧克力有各式各樣的滋味及口感，真令人難以抉擇！這麼說來，上次爸爸參加學會的時候，買了外國的巧克力回來，跟平常吃的味道確實不太一樣。

這些巧克力究竟有什麼差別呢？

動動手，一起學料理！

店裡賣的食物會列出所謂的「原料名稱」，用來表示裡頭有什麼材料。

準備幾種不同的巧克力，找出材料及份量的差異，然後再吃吃看吧！大家比較喜歡哪種味道呢？

味道不同的原因出在哪裡呢？一起來推理看看吧！

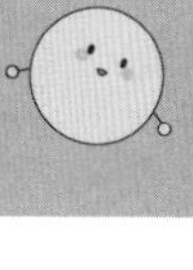

※實驗時，記得要先跟家裡的人報備喔！

6 — 理花和媽媽的煩惱

放學後，我遵守約定和脩同學去抓昆蟲。儘管還惦記著蒼空同學，但也不能說話不算話。

我居住的城市是離東京一小時車程左右的住宅區，也就是所謂的居住型市鎮，或許是因為離市中心有一段距離，所以到處都可以看到大自然。雖然沒有山，但是有很多公園、樹木，只要稍微走出住宅區，就是樹林和草原。

我帶脩同學到離家走路只要十五分鐘左右，就能抵達的公園。這個公園位於河邊，河流不寬也不深，兩岸長滿芒草和稻科的植物，可以抓到很多以這些植物為主食的蝗蟲。

其中我特別推薦飛蝗，要抓到它需要一點功夫，但是抓到時的喜悅是抓到其他蝗蟲的好幾倍……照理來說是這樣的。

「抓到了！」

脩同學興高采烈的展示他抓到的飛蝗，看樣子他真的很喜歡昆蟲，也很熟悉怎麼使用捕蟲網，一看就知道是高手。

「哇！太棒了！」

可是，我卻開心不起來，因為我的腦子裡一直在擔心蒼空同學。

我輕聲嘆息。

「怎麼啦？」脩同學擔憂的看著我。

被他發現我嘆氣了！感覺很討人厭吧？

「沒、沒什麼。」正當我想轉移話題時，耳邊傳來《七個孩子》的鐘聲。「啊！該回家了。」

我覺得如釋重負，也對這樣的自己有些驚訝。我以前很喜歡抓昆蟲的時間，聽到催促回家的音樂只會覺得快樂的時光結束了，每次都依依不捨。

脩同學以不可思議的眼神看著我，但他也只是笑著說：「是啊！要回家了，今天非常謝謝妳，我玩得很開心。」

看到他的表情，我覺得今天沒辦專心投入享受抓昆蟲的樂趣，真的讓我很討厭這樣的自己。

唉……

我真糟糕，做什麼事情都虎頭蛇尾，給蒼空同學和脩同學都留下了不好的印象……我越想越消沉，聽見媽媽的聲音從廚房傳來：

「理花！觀察箱要放在外面！不可以讓昆蟲跑進屋子裡面！」

因為我沒有心情收拾昆蟲觀察箱，回家就這麼放在桌上。

媽媽不太喜歡昆蟲，在媽媽眼中，不管是獨角仙還是鍬形蟲，看起來都跟蟑螂沒兩樣。

不過，今天我在回家的途中，就把抓到的昆蟲都放走了，所以應該不會嚇到媽媽。不知為什麼，今天我沒有心情把昆蟲帶回家觀察。

儘管如此，我還是聽話收拾了觀察箱。回到屋子時，只見媽媽正在唉聲嘆氣，難道是被我傳染了？媽媽一向都很開朗，今天居然也有煩惱，真是太稀奇了？

「媽媽，您怎麼了？」

「事情是這樣的……今年暑假輪到我主持同樂會的義賣。」媽媽一臉為難的說。

「義賣？夏日廟會的義賣嗎？」

已經到了這個季節啦！每年暑假，活動單位都會借學校的操場舉辦廟會，現場會有很多人來擺攤，是暑假的樂趣之一。我做夢也想不到居然要由媽媽來準備？

「還有一個月的時間，不是嗎？」

「一個月很快一眨眼就過去，要準備的事情太多了。而且去年來擺攤的糯米糰店突然倒閉了，所以還必須構思新的商品才行！啊……好**麻煩啊！**」媽媽抱頭苦惱著。

「新商品？不能找其他的糯米糰店嗎？」

「可以的話自然再好不過，可是我找了半天，都找不到願意來擺攤的店家。」

原來是這樣，如果要從頭開始籌備的話，確實很棘手！

「這麼一來真的很**傷腦筋**啊……」我也替媽媽著急。

「就是說啊！糟透了！所以理花妳也要幫忙一起想辦法！」

「什麼？」

「不然每天的晚餐就只有納豆飯了！」

「媽媽好過分！」

「因為思考真的很累人嘛！求求妳！」

我不討厭納豆飯，可是也不想天天吃！為了能夠吃到美味的晚飯，只好陪媽媽一起想辦法。

我不假思索的說出我想到的東西：「賣冰淇淋如何？」我最愛吃冰淇淋了，而且又是夏天，大家一定會很高興。

媽媽嘟著嘴表示反對：「這個嘛……聽說只借到一台冷凍庫，所以只能提供給賣刨冰的攤位使用。」

「欸？那這樣不行，冰淇淋會融化。」

提到夏日廟會，會出現哪些食物呢？棉花糖、果汁和炒麵……我如數家珍，但每年會出現的食物都已經有人提供了，看來只剩倒閉的糯米糰還找不到替代的店家。

「如果要代替糯米糰，還是賣甜點比較好吧？」一時之間，我也想不到其他更好的主意了。再說，我本來就不是很擅長思考這種事情，這並不是我的強項。

腦海中突然浮現出一張臉……

「妳去問一下蒼空同學嘛！」媽媽說中我心中的想法，我不由自主地屏住呼吸。「蒼空同學對甜點很在行吧。」媽媽繼續說道。

「……嗯，對啊！」

我確實也想到同一個人，只不過——想到這裡，我靈機一動！對了！如果找他討論這個話題，不就有機會打破僵局了嗎？要是能順便解開今天的誤會就好了！

真是個好主意！

「媽媽，謝謝您！」我忍不住開心地向媽媽道謝。

「謝、謝謝我什麼？」媽媽一臉匪夷所思的看著我。

7 夏日廟會即將到來

「你看到了嗎？貼在後門的海報！」

「看到了，今年是八月五日啊，真令人期待！」

「啊！煙火大會也是那天對吧？要去哪一邊呢？」

「當然是廟會啊！可以吃到很多美食！」

第二天一早，到了學校，班上同學已經開始討論起夏日廟會的話題，我也看到貼在校門口的海報了。對了，還有煙火大會，最重要的是——

這是個和好的好機會！

我用力握緊拳頭，望著蒼空同學的方向……但是蒼空同學的身邊圍起了一道人牆？發生什麼事了嗎？

我目瞪口呆，愣在原地，只見圍著蒼空同學的女生們都在爭先問道：「蒼、蒼空同學，你看到夏日廟會的海報了嗎？」

「夏日廟會？」

「你那天……有空嗎？」

「嗯，還不確定。」蒼空同學看起來心不在焉的回答著。

對話到此結束，女生們都有些不知所措，每個人的臉上全寫滿了尷尬，一看就知道她們原本想說什麼事。

「要不要一起去夏日廟會？」我彷彿都能聽見她們嬌俏的聲音。

她們是要約你一起去夏日廟會啦！蒼空同學真是一個傻瓜。

明明不是我要約他，卻覺得緊張萬分是怎麼回事？可是蒼空同學好像完全不了解女生的心！只是一臉莫名其妙的坐著發呆，蒼空同學還是這麼遲鈍……

我忍不住苦笑，突然發現一件事。這麼一來，我不就沒有機會跟他說話了嗎？啊啊啊啊啊，怎麼辦……眼看好不容易出現和好的機會，隨時都可能要消失，讓我心裡很著急。

距離班會剩下不到五分鐘的時間，圍在蒼空同學身邊的人卻完全沒有要散去的意思。照這樣看來，說不定只能等到放學後再說了。

不管怎樣，得先放下書包，準備上課。我正打算走向自己的座位時，發現座位旁邊也圍了一堆人，嚇了一跳！

我的座位旁邊也都是女生，扣掉圍在蒼空同學周圍的女生，班上剩下一半的女生大概都聚集在這裡了。

咦，怎麼回事？找我有事嗎？……想也知道不可能，我發現脩同學就坐在人群的中心。

啊！難不成……我懂了。

「那個……要舉辦夏日廟會。」

對了，百合同學她們說過脩同學超帥的！脩同學和蒼空同學是不同類型的帥哥！不過，脩同學和蒼空同學不一樣，他顯然完全明白這句話是什麼意思？

「這是在約我一起去嗎？」

脩同學報以微笑。

他的應對十分成熟，這是班上其他男生不會有的反應，看得出來女生們都對此心動不已。

真是高明的回答啊……我心想，莫非他很習慣這種狀況？想到這裡，我忽然想起脩同學說過的話，不禁冷汗直流。

「我喜歡聰明的女生。」那句話……到底是什麼意思？

他說的喜歡……當然是朋友之間的喜歡，像是和我聊天很開心之類的，不可能有別的意思……吧？

正當我對「喜歡」的意思想破頭時，脩同學雲淡風輕的說：「不過，妳們的好意我心領了。」

「欸？」大家都發出遺憾的叫聲。

我也有些意外，因為提到廟會，應該更興奮一點不是嗎？就連我也很期待，他的態度卻有點冷淡。是因為脩同學很成熟……廟會是小孩子喜歡的活動，所以他的表情很冷淡嗎？

「你那天有別的事嗎？」女同學不死心的追問著。

「嗯，也可以這麼說。」

脩同學一邊說著，一邊悄悄的看了我一眼，微微一笑。

8 烹飪實習課

直到老師進來教室，準備開朝會，圍在蒼空同學和脩同學周圍的人群才總算散開。但是，我還是沒機會跟蒼空同學說話。

老師大聲宣布：「昨天有交代大家，今天的第三節和第四節要上烹飪實習課！大家都有準備好該帶來的物品嗎？」

「有！」

大家精神抖擻的舉起手來，我也靜靜的舉手。我們要帶圍裙、三角

巾和一條抹布。我喜歡藍色，所以我帶了一條藍色的圍裙過來，將它放在桌上，我的心情不禁有些雀躍。

忍不住好奇，我偷偷地看了蒼空同學一眼，只見他從Patisserie Fleur借了一條白色圍裙過來，他經常穿著那條圍裙，和我一起製作各種甜點，那條圍裙充滿我們的回憶……

看著看著，我胸口一緊，覺得有點難過。

我移開視線，發現旁邊的脩同學正盯著我看。

「怎麼了嗎？」他開口問道。

可惜這件事並非三言兩語就能解釋清楚，因此我笑著帶過。

因為我們學校的五、六年級人數不多，所以經常合併一起上烹飪實習課。記得春天的時候，我們也一起上過課。

今天要做的是「白玉蜜豆」。（編註：白玉是由糯米加水製成的糰子，類似沒包餡的湯圓）

「今天要將普通的蜜豆再加一道工夫！」老師在黑板前賣力地大聲說明：「大家聽過寒天嗎？」

「聽過！它很像果凍。」

「沒錯！如果是普通的蜜豆，加入寒天的話，因為它通常是透明的，或是白色的，這樣的組合很單調吧？所以這次要加入切碎的水果！讓它變得色彩繽紛！」

我心不在焉的聽著老師說明，突然想到一件事。如果我能和蒼空同學一組，或許就有機會跟他說話了！我滿心期待……結果期待落空，抽籤的結果，我們各自分到不同的組別，而且和我同組的居然是百合同學！

啊啊啊啊啊……怎麼辦？我們之間的心結還沒有解開，嗯……只能硬著頭皮撐過去了。畢竟我們沒有撕破臉，相處兩個小時應該還不至於做不到吧……

我告訴自己，趕走內心的不安。可是一到分配任務的階段，我就遇到挫折了。

首先，決定的是切菜的人選，有人毛遂自薦，表示自己經常在家幫忙做菜，很會用刀子，所以就決定是她了。

我轉身看了蒼空同學一眼，如我所預料的，他負責切菜。這也難怪，他還會打蛋，也很擅長攪拌，雖然我沒看過他用菜刀的樣子，但經過練習，肯定也變得很厲害了。

接著要選出負責把寒天放進鍋子裡融化的人，這個任務需要安全用火，所以還是得選平常有在幫忙做菜的人。靈巧的人率先舉手，工作逐漸分配完畢，我負責最後剩下的任務，只要把切好的水果放進融解的液體寒天裡，用冰水冷卻凝固即可！

除此之外，最後階段還有一個工作，那就是用冰水冷卻白玉糰子的任務，因為這兩種工作都太簡單，沒有人喜歡做。

看到負責切水果的那一桌，不禁讓人心生羨慕！剛好蒼空同學正在為奇異果削皮。他的動作流暢又迅速，他把奇異果的皮削得好乾淨，其他同學也紛紛停下手邊的工作，盯著蒼空同學的動作看到出神。一整條奇異果的果皮從頭到尾都沒有斷掉，非常完整，看得其他同學都忍不住發出驚嘆聲。

「哇啊啊啊！」

「蒼空，你真的好厲害！看來你說將來想成為甜點師傅，絕對不是說說而已。」

「還好啦！」蒼空同學似乎也很得意的樣子。

之後，他又繼續削著柳橙、蘋果的果皮，每次都引來大家的歡呼聲，在教室裡掀起一陣又一陣的聲浪。

「哇，好帥啊……」

「真的很熟練！」我一邊聽著其他人對蒼空同學的讚美，一邊把切好的奇異果、柳橙、蘋果和草莓並排放在方形淺盤中，再倒入液體的寒天，然後將整個方形淺盤浸在冰水裡。

就只是這樣而已，毫不費力，一下子就完成了，與蒼空同學簡直是天壤之別。

我好想哭……蒼空同學……真的好厲害啊！難道我才是蒼空同學的負擔？腦中冒出這個想法，讓我感覺好不安。所以他才會一再強調自己一個人也沒問題嗎？他已經不需要我的協助了，我只會幫倒忙……或許這才是他的真心話。

我的內心變得越來越陰暗，就在這個時候——

「白玉冷卻好了，我先放在這裡！」耳邊傳來輕柔的聲音，我猛然抬起頭來。

脩同學捧著白玉糰子站在我的面前。啊！脩同學的工作該不會是冷卻白玉吧？也就是說，他跟我差不多嗎？

脩同學笑著說：「妳認為我們是笨手笨腳的同伴嗎？」

啊啊啊，竟然被猜中了！我的心事都表現在臉上了嗎？

我尷尬極了。

「這有什麼好沮喪的？做自己擅長的事不就行了？先不說我，妳肯定也有別的強項，只要在自己擅長的領域裡發光發熱就好了。如果比賽抓昆蟲，我們肯定比任何人都還要厲害。」

脩同學的話讓我感到安慰。

「說、說的也是……」

「不討論這些了，妳看過前陣子的《心跳一百的昆蟲世界》嗎？這次的特別節目是介紹蟬。」脩同學提起我最喜歡的電視節目。

那是我從很久以前就非常喜歡的生態節目，每集會鎖定一種昆蟲，仔細告訴觀眾那種昆蟲都吃什麼、住在哪裡、怎麼觀察那種昆蟲等等。

即使在我假裝討厭昆蟲的那段期間，我也會偷偷找時間觀賞，它是非常受歡迎的節目。我甚至還會把它錄下來反覆觀看，那是熱愛昆蟲的人絕對無法抗拒的節目。

「啊！我錄了，可是還沒時間看。之前大田鱉那一集，非常好看！」

「沒錯！那一集很精彩呢！」

快樂的話題趕走我的憂鬱。不知不覺中，我的臉上露出了笑容。

「下次要播出什麼主題呢？」

「聽說是金環蜻蜓？」

「哇，好期待啊！」

就在我們熱烈討論昆蟲的話題時，身邊的計時器響了。我負責的寒天好像凝固了。這麼簡單的作業，要是失敗就慘了！我望向方形淺盤的方向，剛好與視線前方的蒼空同學對上眼。

但蒼空同學立刻避開我的視線……

咦？他在迴避我的視線嗎？

為什麼？我做了什麼……讓他討厭的事嗎？

9 牛奶寒天大亂

「怎麼了？」

脩同學的詢問令我回過神來，我的腦中仍舊一片混亂。

「沒、沒什麼。」

好不容易才擠出答案，同時，我也告訴自己，別擔心，一定是我的錯覺，誤以為我們四目相交，因為蒼空同學不可能迴避我的視線，他不是那種人。他總是笑嘻嘻的，跟每個人都能變成好朋友。

所以……一定是我誤會了！

「既然完成了，就來切開吧！」

我把心思拉回來，輕輕搖晃著方形淺盤，寒天確實凝固了。這個步驟只要注入液體的寒天而已，實在沒理由失敗啊。

我放下心裡的大石頭，將做好的水果寒天拿去給負責切的百合同學，百合同學以困惑的表情看著我，又看了看脩同學。她的表情像是有什麼話想說，卻又忍住不說。

咦？有什麼問題嗎？

「這個可以麻煩妳幫忙切嗎？」我鼓起勇氣問她，百合同學回過神來，接過方形淺盤。

「那這個也交給妳了！」負責製作牛奶寒天的男生端著方形淺盤從後面走來。

百合同學用菜刀切開由我負責凝固的水果寒天，另一位負責切菜的同學也切開牛奶寒天，過沒多久，方形淺盤裡就出現了許多一公分見方的小方塊。

牛奶寒天白白的，看起來就像骰子一樣，感覺很可愛。水果寒天則像是五顏六色的寶石，充滿了奇異果的綠色、柳橙的橘色、蘋果的白色和草莓的紅色，令人看得出神。

「再來是盛盤！」

不知道是誰提議，大家開始把盤子擺在桌上，下一個步驟，是在盤子裡裝入份量相同的兩種寒天。

「一口氣放進去不是比較輕鬆嗎？」百合同學把兩種寒天放進一個調理盆，稍微攪拌一下，再加入煮好的花豆，繼續攪拌。

「啊！百合同學好聰明！」其他人也爭相模仿。

可是我有點在意一件事，目不轉睛的看著黑板上寫的步驟：「水果寒天和牛奶寒天要分開來盛裝。」老師還特別用紅字寫下這個步驟……真的沒問題嗎？

做菜的時候，細微的偏差往往會造成致命的失誤。我剛才都在發呆，要是沒聽到重點怎麼辦？

就在這個時候——

「啊啊啊——金子！快住手！」老師大驚失色的衝過來。「啊啊啊！慢了一步……」老師露出抱歉的表情。

做到一半被打斷，我也很驚訝。

「全部混在一起了嗎？還有沒有剩下的？」

看到老師如此激動，我們心想這下闖大禍了，只見小唯「哇」的一聲，哭了出來！

欸欸欸？到底發生什麼事了？

「町田同學對牛奶過敏……所以只能吃水果寒天。不好意思啊！老師沒有說清楚……」

町田指的就是小唯。我這才想起來，印象中，小唯平常吃營養午餐的時候都不喝牛奶！

「過敏……」

百合同學喃喃自語，臉色一陣青、一陣白。

「小唯，抱歉！我忘了！虧我們還是好朋友……對不起！」百合同

學也快要哭出來了。

小唯止住淚水。

「沒關係啦！這也不是什麼大事！」

「真的很對不起，為了賠罪，我另外請妳吃東西吧。啊，對了，Patisserie Fleur的餅乾好嗎？」

突然冒出Patisserie Fleur

的店名，我嚇了一大跳，不動聲色的看了蒼空同學一眼，蒼空同學為難的說：「可是……我們家的甜點幾乎都加了乳製品，因為甜點基本上都有使用奶油。」

聽到這裡，百合同學一臉錯愕。

看得出來她非常慌張，不知如何是好？連我都開始感到惶恐。大家都停止作業，偷看百合同學和小唯的反應，所有人的目光都集中在她們身上。換成是我，肯定受不了這種關注。

緊張的氣氛彷彿灌滿空氣的氣球，隨時都要爆破的感覺，就在這個時候——

「真、真的沒關係啦！」小唯率先大聲地打破沉默。「我早就習慣沒有甜點吃了，而且……而且我其實也沒那麼喜歡寒天！」

可是妳明明就哭了？

我覺得小唯是為了不想再讓百合同學感到難受，她知道百合同學不是故意的，所以不能再增加她的心理負擔，因為她們是朋友。我看得出來，也很羨慕她們為對方著想的友情。

可惜百合同學還是沉默不語，彷彿下一秒，淚水就要從她的大眼睛奪眶而出。

沒辦法挽救嗎？我在一旁提心吊膽的看著。

百合同學想以有形的方式向小唯表達自己的歉意，可是小唯並不希望事情鬧大。

有什麼方法可以讓她們兩人和好如初呢？

我的腦子裡浮現出一個主意……

下課鐘響了。

「大家都先回教室吧！嗯……老師破例把自己的甜點留給町田好了！」老師的這句玩笑話引來哄堂大笑，寒天風波暫時告一段落。但是百合同學快哭出來的表情，還是讓我很在意。

10 誰才適合待在理花的身邊？——廣瀨蒼空的故事

撇開視線後，理花孤單的表情烙印在我的腦海裡，當她露出那種表情時，我很後悔。

唉……又搞砸了。

可是……我就是看不下去啊！每次看到理花開心地討論理化的話題，看起來神采飛揚，我總覺得自己好多餘。理花喜歡理化、喜歡昆蟲，所以我當然會懷疑比起作甜點，她是不是更喜歡抓蟲、做實驗？

她和脩在一起聊理化的話題時，想必更開心吧？所以，就算我移開目光，理花也不會在意吧？

我還在胡思亂想時，已經到了放學時間。

「唉……果然還是不行。」我本來就不擅長把事情往心底悶，我不喜歡一個人鑽牛角尖，再說，這也不是絞盡腦汁就能想出答案的問題，不如直接向她道歉還痛快一點！

而且，理花心裡到底在想什麼，也只有她本人才知道。如果比起做甜點，理花說她更想抓昆蟲，到時候再放棄也不遲。

與其悶悶不樂的獨自煩惱，我決定豁出去了！

我背起書包，看了已經準備回家的理花一眼。原本想直接叫住她，想了想還是作罷！還是跟平常一樣，在櫻花樹下等她好了，因為理花不喜歡我在學校跟她說話。

她沒有明說，但可能有人私底下說她的閒話，我自己也不喜歡有人說我的閒話。既然如此……憑什麼脩就可以跟她說話？想到這裡，我又有點忿忿不平！

我走向樓梯口，穿好鞋子的同時，脩正好在我面前出現，我不由得暗自心驚，脩靠在門口，好像在等人。

我有點好奇他在等誰？但仍不動聲色，從他面前走過去。這時，脩開口說道：「你今天也要繼續埋伏嗎？」

「什麼？」我停下腳步。

感覺他的語氣有點尖銳，心想他到底在說什麼？然後——

我的喉嚨像是噎住了。

埋伏？難道……上次我在櫻花樹下等理花時，被脩看見了？望著他不同於平常斯文的表情，露出挑釁的眼神，令我悚然一驚。

脩接著說：「我覺得我比你更適合待在理花的身邊。」

「……什麼？」

原本充斥在樓梯口的喧囂瞬間消失了……我的腦海一片空白。

這傢伙在說什麼？身邊？他是說座位嗎？問題是……誰比較適合……我一時半刻聽不懂他在說什麼。

脩莞爾一笑，接著繼續補充說明：「你剛才也看見了？理花和我比較聊得來，我們的興趣一樣。理花和我在一起的時候，比跟你在一起的時候開心多了。」

我的腦海中掠過剛才烹飪實習課的情景。看到理花笑得燦爛的模樣，她的雙眼閃閃發光，眉飛色舞的樣子，我猜班上絕大多數的人也很驚訝。原來她可以笑得那麼開心、聊得那麼起勁啊？我還以為她只有和我做實驗的時候才會那麼開心……

但我錯了，一切都是我自作多情。

原來脩口中的「身邊」是指「拍檔」的意思？

了解到這點，感覺背部彷彿中了一箭……說的也是，我的數學和理化都不好，肯定比不上脩，想必也跟不上理花的話題。

我無力反駁，推開脩，正要離開的時候——

「蒼空同學！」耳邊彷彿傳來理花的聲音。

但我無法面對理花，因為我很清楚，自己現在的臉色肯定很難看，我低著頭，就這麼走出樓梯口。

11 和我組隊吧！

「他沒聽見嗎？」

我想這麼告訴自己，可是站在蒼空同學旁邊的脩同學都回頭了，蒼空同學不可能沒聽見吧？

啊！看來他是刻意不看我，並不是我誤會……

我感覺眼前一片黑暗，或許……我們之間的友誼已經無法挽回了。

明明做甜點的時候那麼快樂，我還以為這份快樂可以持續，我們還說好要一起做出「夢幻甜點」。沒想到這麼輕易就結束了？

我大受打擊，完全不敢相信！

我無精打采地走向蒼空同學消失的樓梯口，垂頭喪氣的換好鞋子，走到外面時，脩同學已經在等我，可是我完全不知道要跟他聊什麼？我受到的打擊太大了……

我一聲不吭，邁開腳步，脩同學跟了上來，但我想獨自回家。因為脩同學在旁邊的話，就算想哭……也哭不出來。可是我們家住在同一個方向，所以也不能故意甩掉他。

我強忍住淚意，始終低著頭往前走，一心只想快點回家。走到櫻花樹的轉角，我望著蒼空同學家的方向，可惜櫻花樹下沒有半個人。

沒有就是沒有，蒼空同學已經不在了。

明明前陣子每天都那麼開心，我甚至覺得世界末日也不過如此。我實在難以置信，整個人都失魂落魄的，提不起精神。

「妳沒事吧？」脩同學小聲問道。

因為太難過，我壓根忘了脩同學的存在，但我現在已經無暇顧及會不會對他不好意思了。

脩同學輕聲細語的說：「夏日廟會。」

「什麼？」

他沒頭沒腦地冒出這句話，我的腦中一片混亂。我滿腦子都是蒼空同學的事，所以也懶得問清楚。

脩同學又接著說：「要不要和我一起去夏日廟會？」

「咦？」我的腦筋更混亂了。這句話是什麼意思？「你早上不是才說你有事不去嗎？」

聽到我的反問，脩同學笑著回答：「那是因為我想跟妳一起去。」

「咦？」我只會回答這個字。等我後知後覺地反應過來時，忍不住叫了起來：「咦咦咦咦？」

這麼一來，也就是說……脩同學以前說過的那句話在我腦中掀起千層巨浪。

「我喜歡聰明的女生。」

咦？那個……他、他說的喜歡，難、難道是……

怎、怎麼辦？突如其來的告白，我完全反應不過來！

我情急之下趕緊回答：

「不、不可以！」

「為什麼？」

「呃，因、因為……」有沒有什麼好理由？我拚命想找藉口，於是腦海中浮現出媽媽的臉。

有、有了！

「我、我要幫媽媽的忙！她是今年廟會的工作人員。」

「這樣啊……」

脩同學動也不動的看著我的雙眼，鏡片後面的眼神十分犀利，彷彿要看穿我的心。

「妳很不會說謊啊！」

哇，我的謊言一下子就被看穿了！我緊張得不知如何是好。

幸好脩同學並沒有生氣，反而微微一笑。

「妳只想跟廣瀨同學一起去嗎？」

我嚇得差點跳起來，身體微微顫抖，因為脩同學完全說中了！如果是蒼空同學約我去夏日廟會，我一定會滿心歡喜的答應。

「殿堂級的實驗。」脩同學脫口而出的這句話令我驚訝地瞪大了雙眼！

我的心臟跳得好快，體內產生劇烈排斥的反應，原本就要沸騰的血液突然變得有如冰塊一般寒冷，全身充滿了跟剛才不一樣的感覺。

「你、你說什麼？」脩同學怎麼會知道？

「因為我在圖書館撿到的筆記本裡就是這樣寫的。我從看到那行字的時候就很在意，『殿堂級的實驗』這幾個字實在太吸引人了，令人充滿期待，我也想試試看。」

「可、可是……」

就算是這樣……為什麼要找我？

或許是我把疑問表現在臉上了，脩同學微微一笑。

「因為理花同學聽到我說自己喜歡學習並不覺得我很『奇怪』。那是因為……妳也很喜歡學習吧？我想，我們一定能成為最佳搭檔。」

脩同學露出真摯的表情，目不轉睛的看著我。

他又接著說：「妳別理廣瀨，和我組隊吧！我們一定能做出『殿堂級的實驗』。」

做夢也想不到他會這麼說，我感到茫然失措。我的腦子裡一片混亂，感覺隨時都要昏倒。

「……抱歉！」我逃命似的從脩同學身邊走開，拔腿就跑！逃往跟平常不一樣的方向──通往公園的那條路。

12 久違的約定

啊！嚇死我了……脩同學為什麼要這麼說？我心亂如麻，經過公園前，不經意的往旁邊看，遠處傳來「嘰」一聲，我立刻停下腳步，因為坐在鞦韆上的女生是我認識的人。

「……百合同學？」

她的書包丟在地上，她沒有回家，直接跑來這裡嗎？這有點……不太像是平常的她。

我想起烹飪實習課上發生的事，她肯定還在自責。我們雖然沒有吵架，但關係還是很尷尬。百合同學或許也不想跟我說話，就算我假裝沒有看到她，直接走過去，百合同學肯定也不會介意。或許……她更希望我不要管她。

我打算就這麼離開公園，腳卻動彈不得，我實在——實在無法放著這樣的百合同學不管！

我轉個方向走進公園，每走一步，心跳的聲音就更大一點。要回頭嗎？或許還來得及。我對抗著懦弱的自己，一步一步前進，總算走到鞦韆旁，我戰戰兢兢的對百合同學說：「百合同學，妳沒事吧？」

「理花同學？」百合同學似乎有點驚訝。「沒事……才怪。」她有氣無力的乾笑了兩聲。

看來她並不排斥我的出現，我鬆了口氣，在她身旁的鞦韆坐下。

「妳還在想烹飪實習課的事嗎？」我小心翼翼的問，百合同學可憐兮兮的點頭。

「小唯說過，不太能吃甜點這件事讓她很難過，所以她肯定很期待今天的甜點，沒想到偏偏被我搞砸了，虧我們還是好朋友。」百合同學自責的模樣讓人好心疼，所以我想主動幫助她。

「既然如此，不如回家重新做一份，帶去學校給她？」這是我在下

課後想到的主意，這麼一來，百合同學和小唯或許就能重修舊好。

「重做一份？」

「如果是水果寒天，小唯就能吃了，而且也不是很難，小唯一定會很高興。」

百合同學的表情頓時充滿希望。「對、對啊……還有自己做這一招！我怎麼沒想到！」

百合同學說到這裡，突然苦著一張臉，又說：「可是……我媽媽工作很忙，我一個人……做得出來嗎？」看見百合同學陷入沉思，我又開始緊張起來。

什麼？她打算自己做嗎？也就是說……不需要我的幫忙？如果我約她一起做，她會不會不高興？

我苦惱極了，可是看到百合同學不安的模樣，我還是想幫她。而且那也不是百合同學一個人的錯，我明明發現步驟錯，卻沒有阻止。

「如果妳願意的話……**我也來幫忙！**」我鼓起勇氣說，百合同學又驚又喜的說：「真的嗎？可以嗎？」

太好了，她沒有拒絕！我很高興的接著說：「我也想一起做。」見我點頭，百合同學漲紅了臉大聲嚷嚷：「太好了！謝謝你！啊！可是我姊姊很討厭我帶朋友回家，她嫌我們太吵，但明明她帶朋友回家的時候也很吵！」看到百合同學氣沖沖的嘟著嘴抱怨，我忍不住噗哧一笑。

「來我家做吧？」

「可以嗎？那妳這個星期六有空嗎？」

「星期六？」

我星期六沒事，本來有……而且我也很期待，但現在沒了。難道我再也無法和蒼空同學一起做實驗了嗎？

在我的心情跌落谷底的瞬間，百合同學一臉擔心的觀察我的表情。

「怎麼了？啊？如果不方便的話也沒關係！可以等理花有空的時候再約。」

百合同學的體貼讓我的心情頓時輕鬆了一點，我注意到一件事……我們之間的芥蒂好像消失了？感覺……**就像回到從前。**

我揚起嘴角，笑著回答：「那就約星期六吧，我在家裡等妳！」

「太好了！理花，謝謝妳！」

我目送百合同學回家的背影，她開心的手舞足蹈，她的那句「謝謝」，慢慢滲透到我的內心。

如果我沒有主動問百合同學，或許會為蒼空同學和脩同學的問題煩惱一整天。我打從心底慶幸，能鼓起勇氣關心她真是太好了。

今天託百合同學的福，蒼空同學和脩同學的煩惱暫時從我腦中消失了，但是，明天還是會碰到他們啊！

第二天是星期四，距離約好的星期六還有兩天！我惴惴不安，走向自己的座位，盡可能不要看著脩同學的方向。

「早安……」我低著頭，小聲的打招呼。

「早安。」脩同學稀鬆平常的回禮，他的反應讓我鬆了一口氣，沒想到下一秒他卻——

「昨天的事，妳想什麼時候回答都可以。」他說完，微微一笑，轉身面朝向前方。

欸？欸欸欸……我要怎麼回答？我束手無策，看著蒼空同學，這次，視線確確實實的對上了，**我絕對沒有看錯！**但蒼空同學卻不作聲響，撇開視線，跟其他朋友打招呼：「早安。」

我的心一下子就變得千瘡百孔，為什麼……為什麼會變成這樣呢？

如果知道錯在哪裡，還能想辦法改進，可是我完全沒有頭緒。

我趴在桌上，感覺自己很無助。脩同學壓低音量，見縫插針地故意挑撥：「看吧！比起那種人，絕對是選擇我比較好吧？」

選擇我？別再說了！萬一被別人聽見就慘了！肯定會引起更多的誤會！

我膽戰心驚的往四周看了一圈，幸好脩同學的聲音不大，似乎沒有人聽見，我鬆了一口氣，覺得筋疲力盡。

我好尷尬、好驚訝、好失望、好慌張，更重要的是覺得好害怕。短時間之內，出現這麼多情緒，現在才一大早，我已經覺得很累了。

唉！好煩啊，我好想回家……真不想上學。想到這裡，有人小聲的向我打招呼：「早安。」

抬起頭，原來是百合同學。

「昨天謝謝妳。」她似乎打算瞞著小唯。

百合同學刻意壓低聲音，像在說悄悄話，還對我露出笑容，我原本低落的心情總算好一點了。

啊！百合同學簡直是我的天使！

13 再次挑戰水果寒天

因為和百合同學訂下約定，內心有目標期待，好不容易讓我能撐過星期四、星期五，終於等到期待已久的週末了！

「叮咚！」門鈴響起，百合同學來了。百合同學的手裡提著環保袋，她把家裡的水果和寒天都帶來了。

「歡迎！快進來！」媽媽眉開眼笑的將百合同學帶到廚房，然後就躲進爸爸的房間：「不好意思啊！我有事要處理，妳們需要幫忙的話，再叫我一聲。」

媽媽說其他人也有不同的意見，所以到現在連菜單都還沒決定好，她有點手忙腳亂，夏日廟會果然有很多細節要準備。

「我們開始來做吧！」

我把手洗乾淨，穿上圍裙。百合同學的圍裙是淺紫色的，還有荷葉邊，真的很可愛，如果穿在我身上一定沒她好看……真羨慕！

「理花同學的藍色圍裙好好看啊！這個顏色非常適合妳。」百合同學一邊拿出材料一邊說，我有點驚訝我們想到的事是一樣的。

只見百合同學目不轉睛，看著我的圍裙說：「媽媽從來都不買藍色、綠色或是黑色的東西給我，她說那是男孩子的顏色，媽媽希望我只穿粉嫩或是可愛的顏色。」

「這樣啊……」男孩子的顏色？

「理花同學很適合藍色呢。」

百合同學媽媽的話令我有點耿耿於懷，但我還是點點頭。我喜歡藍色系的東西，書包也是淺藍色的。買書包的時候，爸爸媽媽都說我可以選擇自己喜歡的顏色，難道其他人的家長不是這樣嗎？

我一邊思考這個問題，一邊拿出工具，握著菜刀時，冷汗直流，因為尖銳的刀子有點危險。

我提心吊膽的拿起菜刀，突然想到一件事！砧板上有奇異果、鳳梨和柑橘罐頭。啊，誰來負責削奇異果的皮呢？

「那、那個……百合同學，妳會削皮嗎？我不太會用菜刀。」

「沒問題！我來。」

百合同學自告奮勇，開始拿起奇異果削皮，她比我厲害一點，但看來也不太熟練，看到她把奇異果的果皮一截一截的切斷、掉落，我不禁想起蒼空同學熟練的動作。

我負責切百合同學削好的奇異果，還有罐頭鳳梨，再把寒天粉煮成液體，加入水果，再來只要放進冰箱凝固即可，正想鬆一口氣時，發現水果的形狀大小不一，我對自己的笨手笨腳感到無可救藥。

「抱、抱歉……水果被我切得大小不一……」我向百合同學道歉，百合同學搖搖頭。

「我削的奇異果表面也凹凸不平……果然無法像蒼空同學那麼順手呢……他真的好厲害啊！」百合同學的自言自語讓我抖了一下。

百合同學說完露出「咦？」的不解神情，她問道：「我覺得你們的樣子怪怪的，妳是不是和蒼空同學吵架了？」

「……」我遲疑了一下，點頭承認：「我們並沒有吵架，只是他突然討厭我了。」

「果然是這樣！」百合同學似乎並不意外，她點點頭。

「咦？妳知道原因嗎？」

「該怎麼說呢……原因大概出在石橋同學身上吧？」

「脩同學？」

原因出在脩同學身上？她怎麼會這麼說呢？

見我一頭霧水，百合同學說：「就是那個啊！」

「哪個？」我疑惑的反問。

「妳沒發現嗎？」百合同學一臉匪夷所思的說：「自從石橋同學轉學過來之後，妳就變得怪怪的。」

「我變得怪怪的？」

「我一直以為妳是那種成熟又文靜的人，可是和石橋同學在一起的時候，妳變得好健談，總是笑得很開心。」

有嗎？

啊，那是因為以前都沒有人願意跟我討論理化的話題，所以我真的很開心啊！不過，我之所以敢在學校自然的聊起理化的事，都是拜蒼空同學所賜。如果說我改變了，肯定是蒼空同學給了我勇氣。

想起蒼空同學的鼓勵，對照最近的陌生，我突然覺得好難過。

「妳看起來好開心……感覺就像進入『兩人世界』。」

百合同學的形容嚇得我差點跳起來！「兩、兩人世界！我和脩同學嗎？」可、可是，我們只是在討論理化！

百合同學笑得不懷好意：「妳對他的稱呼就是最好的證明！」

「咦？可是大家不是都這樣叫他嗎……」脩同學是這麼說的，所以我才直接喊他的名字。

「才沒有。因為妳很少直接喊男同學的名字，所以我還懷疑妳是不是喜歡他？其他人好像還沒有注意到這一點，不過再這樣下去，不了解妳的人可能就要誤會了……」

「什麼？」喜歡？我喜歡脩同學？怎麼可能！我忍不住大聲尖叫，

媽媽嚇了一跳，衝進廚房。

「發生什麼事了？」

喔！絕不能讓媽媽知道這件事！

「沒、沒什麼！媽媽回去工作吧！」

我用力的將媽媽趕出廚房，百合同學捧腹大笑。

「理、理花同學！妳好好

笑……」百合同學笑得有夠誇張，眼角都浮現淚光了。

「妳是在取笑我嗎？好過分……」

聽見我的抗議，百合同學收起笑容，換上有點嚴肅的表情說：「我不是在取笑妳！因為我前陣子終於知道理花同學非常喜歡理化，可以理解妳只要聊起理化就會很開心的心情……但蒼空同學可能誤會了，誤會妳和脩同學的感情很好，認為自己不應該打擾你們。」

「蒼空同學……誤會了？」

我突然覺得好害怕，我不要蒼空同學誤會，因為我並沒有特別喜歡脩同學，我不希望蒼空同學誤會。

我突然有點喘不過氣來，被人誤會的感覺並不舒服。

「你是不是好好的跟蒼空同學解釋一下比較好？妳也不希望他一直誤會吧？」百合同學好意的指點我。

我點點頭，突然覺得有點難以理解。總覺得百合同學是在勸我們和好，但她如果喜歡蒼空同學，難道不會覺得我很礙眼嗎？

「那個……百合同學……妳是不是說過妳喜歡蒼空同學？」

「嗯……但是因為媽媽說蒼空同學很奇怪，所以我現在有點不確定是不是喜歡他了。」

「奇怪？」

「媽媽說男生做甜點很奇怪，一點也不帥。」

我忍不住眨了好幾下眼睛，震驚的同時也恍然大悟！原來如此。因為百合同學的媽媽這麼說，所以百合同學才會認為我也很奇怪。

「我倒覺得蒼空同學會做甜點很帥……」這句話脫口而出後，我自己也愣了一下。咦，我剛才是不是說蒼空同學很帥？「呃，我是說……」不是啦！我說的很帥沒有別的意思！

我緊張的想要解釋，百合同學狡黠的笑了。

「嗯，我也覺得蒼空同學很帥！大家肯定也都這麼覺得。」

看見她如此痛快地承認，我的心情反而有些五味雜陳，我到底希望百合同學怎麼做……

「可是聽到媽媽說他不夠帥氣，我覺得也不是沒有道理……」百合同學非常愛她的媽媽，所以不想做出任何會讓媽媽傷心的事吧？我也很愛媽媽，所以能體會她的心情。

可是……

「根本不需要在意那些取笑妳的人。如果為那種人放棄自己的愛好，太可惜了。」

我想起蒼空同學說過的話，不禁覺得，如果因為別人反對就放棄自己喜歡的事，真的太可惜了！

或許不應該因為媽媽說什麼，就勉強自己配合，因為我以前就是這樣。大家都說我很奇怪，所以我就欺騙自己，說自己討厭理化！

內心深處湧起一股熾熱的感覺，我忍不住脫口而出：「妳剛才讚美過我的藍色圍裙吧。」

「咦？」百合同學愣了一下。

「妳媽媽說藍色是男孩子的顏色對吧？我可不這麼認為。我是女生，可是我喜歡藍色。而妳說藍色很適合我對吧？做甜點也是同樣的道理……至少我是這麼想的。」

百合同學露出恍然大悟的表情，然後稍微陷入沉思，點點頭說：「或許妳是對的。」

接下來的時間，我們利用寒天凝固的空檔製作白玉糰子，加入切碎的寒天，水果蜜豆就大功告成了。

把它們裝進容器裡面之後，百合同學顯得有點緊張，紅著臉說：「我現在要拿去給小唯了！」

「嗯！加油！」

雖然成品不是很好看，但小唯一定能收到百合同學的心意。鬆了一口氣的同時，我也覺得好開心！不過，這可能是最後一次了。因為百合同學跟小唯和好之後，大概又會和小唯、奈奈一起玩。我不認為自己可以重新加入她們的小圈子。

我的心情頓時有點落寞，沒想到在玄關目送百合同學離去時，她竟然轉過來對我說：「理花同學，做甜點真的很快樂，下次再一起做吧！」

「好！」這一刻，我覺得自己和百合同學的距離縮短了。

看著眼前用力朝我揮手道別的百合同學，我突然想到一件事。只要有相同的目標，就算喜歡的東西不一樣，也能變成好朋友……

咦？這是不是表示我也可以跟擁有相同目標的蒼空同學和好呢？想

到這裡，內心閃過一絲希望，心情變得輕鬆多了。

「百合同學回去了？完成了嗎？」

回到屋子，媽媽一臉憔悴的從爸爸的房間裡走出來。

「嗯，總算是做好了，她很高興。」

「這樣啊！太好了。」媽媽笑著說，但她看起來沒什麼精神。

「媽媽，廟會的菜單還沒有定案嗎？」

「對啊……每個人都提出很多意見，卻遲遲無法決定。大家各有堅持，真是傷腦筋。」

「要不要問爸爸有什麼好主意呢？」忙起來的時候，不管是禮拜六還是禮拜天，爸爸都得去上班。昨天好像也很晚回來，今天不曉得幾點能回家。

「我問過他了，可是完全派不上用場！他建議什麼『地球饅頭』、『宇宙饅頭』，不是藍色的肉包就是黑色的肉包，誰要吃啊？再說了，那種東西是要怎麼做啊？」

藍色的肉包？黑色的肉包？光是想像就覺得毛骨悚然。感覺確實不太好吃……地球也好，宇宙也罷，爸爸的想法很有創意，但可能不太適合做成食物。

「理花有沒有什麼想法？」

我什麼也想不出來，束手無策，算了，我先把廚房收拾一下再說。

廚房裡還有一些我和百合同學一起做的水果蜜豆，百合同學留下來作為謝禮。裡頭的水果雖然形狀歪七扭八，但是看起來就像封閉在透明的立方體裡，切割成小塊的寶石，美麗極了。

嗯，看起來好清涼、好好看又好好吃……咦？我靈機一動。如果廟會有這種果凍，我應該也會買來吃吧？

「媽媽……水果果凍怎麼樣？」

印象中，之前提到的方案裡面好像沒有果凍。如果是果凍的話，冰冰涼涼的口感，大家應該會喜歡，又不怕融化，或許是個好主意？

媽媽眼睛一亮，檢查菜單。

「理花，菜單內沒有果凍！**真是個好主意！**」

太好了！笑容終於回到媽媽臉上，我好高興。

「那就來試著做做看吧！如果是簡單又好吃的作法，企劃應該能順利過關。」媽媽迫不及待的表示。

但我不禁擔心起來。真的沒問題嗎？因為媽媽不太會做甜點……

「媽媽，果凍也是甜點，妳會做嗎？」

「不要小看我，妳都能做了，相信我也可以！果凍這種甜點，只要讓果凍粉溶解再凝固就好，有什麼困難？」媽媽自信滿滿的誇下海口。

說的也是，媽媽做過咖啡凍和柳橙汁的果凍給我吃，而且都很好吃！我跟百合同學兩個人都能做出來了，**媽媽肯定沒問題！**

「我來找找，家裡有現成的材料嗎？」媽媽嘴裡咕噥著：「做果凍需要哪些材料呢？」她開始在櫃子和冰箱裡尋找材料。「有了！找到果凍粉、柑橘和鳳梨的水果罐頭了……對了！家裡還有奇異果！」

「跟百合同學帶來的材料一模一樣嘛！」我不禁脫口而出，媽媽笑著說：「嗯，先用這些材料來試著做做看吧。」

媽媽挽起袖子，開始洗手。

14 無法凝固的果凍

我和媽媽開始一起做果凍，作法是我們上網查到的超簡單果凍！首先，材料只需要一個水果罐頭。再加上六公克的果凍粉。就只有這樣而已！好神奇！看起來**真的超級簡單**！也可以依照自己的喜好加入其他水果，像是進階版的作法就加了水蜜桃。

「那就再加入鳳梨和奇異果吧！」媽媽說道，開始作業。

不愧是媽媽，果然很會用菜刀，跟蒼空同學一樣，把奇異果皮削得

很乾淨，切成漂亮的形狀，我利用這段空檔分開罐頭水果的糖漿和水果，然後用鍋子加熱糖漿，溶化果凍粉。

把溶化的果凍粉倒進塑膠容器，再放入事先與糖漿分開的柑橘和鳳梨，嗯，基本上步驟跟在學校做的一樣。

我讓橙色的柑橘和黃色的鳳梨在塑膠容器裡均勻的排排坐，再把媽媽切好的奇異果塞進空隙裡，讓橙色、黃色與綠色交織得更漂亮。

「顏色真好看，如果再加入草莓，可能會更漂亮。」我點頭贊同。

我最喜歡草莓了！加入草莓的果凍一定更好吃！

「等待時間為……」媽媽轉身問我，我馬上翻閱食譜，頭頂冒出一個問號，食譜上寫著需要兩個小時才會凝固？

這也太久了吧？剛才跟百合同學一起做的時候，印象中不用等這麼久。我覺得很不可思議，但是既然食譜這樣寫，也只能照著做。

我和媽媽先吃了百合同學留下的水果蜜豆，等下打算再把它們當成今天的下午茶甜點。

「蜜豆有一種古早味，很好吃呢！」媽媽讚不絕口。我也點點頭，吃下一口寒天，冰冰涼涼、QQ軟軟的口感確實很美味。

可是……雖然跟在學校吃的感覺差不多，味道很清爽，有點硬硬的……但好像跟平常買的那種滑溜順口的果凍不太一樣。

終於到了三點的下午茶時間，我和媽媽迫不及待地打開冰箱。

沒想到——

「咦？」

果凍還處於水水的狀態。

「好奇怪……是份量不對嗎？」媽媽重新看了一遍食譜。我也探頭去看，可是果凍粉和水果的份量都沒錯。真是想不通，作法這麼簡單的果凍根本不可能出錯啊。

明明在學校，還有剛才跟百合同學一起做的時候，一下子就完成了。

這是為什麼呢？我感到莫名其妙，腦中一片混亂。

「嗯……再加點果凍粉試試吧！」

媽媽又加入一些溶化的果凍粉，份量是剛才的一倍。可是一個小時後，再打開冰箱，果凍還是沒有凝固，而且還散發出怪味道。

「這是果凍粉的味道嗎？」媽媽吃了一口，臉上表情扭曲。

「好吃嗎？」我明知故問，媽媽果然搖頭。

果凍不僅沒有凝固，味道還很奇怪，而且也不好吃。這麼一來，根本不可能有人會買。

「這種東西不能拿出來賣……還以為想到一個好辦法。這下子該如何是好。」媽媽灰心的說。

我也著急了，還以為想到了解決的辦法，這下子又回到原點了！「媽媽，問一下爸爸吧！」爸爸肯定知道問題出在哪裡！

媽媽點點頭，拿出手機，看來是要直接打電話給爸爸，這可是緊急狀況，打電話比寫信快多了，我們滿懷期待的等著爸爸接電話。

鈴……鈴……鈴……

咦？

房間的某個角落傳來鈴聲，媽媽的眼睛瞪得無比大，她站起來，瞪著電視機旁邊。嘆口氣說道：「妳爸爸……居然忘了帶手機！」

啊啊啊！爸爸真是迷糊啊！不過爸爸經常忘記帶手機……因為他很少用到電話。

這下子希望再度落空，媽媽只好用力抓住我的手。「理花！媽媽現在只能指望妳了！」

「什麼？」

突然交給我這麼重大的任務，我嚇壞了。

「理花一定有辦法解決的！」

才怪，不是每件事都能靠意志力解決好嗎？

「不……我不行啦！」

聽我說出喪氣話，媽媽不可置信的側著頭。

「奇怪了？不是越困難越能燃起妳的鬥志嗎？妳不是一直都堅持要自己思考嗎？」

聽到這句話，我突然意識到自己的內心。

不久前，無論遇到什麼樣的難題，我都想靠自己解決。與其說問題越困難，我越興奮，不如說原因只有一個——蒼空同學。

雖然我也很喜歡跟爸爸做實驗，覺得很開心，可是和蒼空同學做甜點實驗時更開心，大概是因為我體會到靠自己思考、找到答案的樂趣。

和蒼空同學一起做了好多次實驗，像是怎麼做出酥酥脆脆的餅乾、鬆鬆軟軟的蛋糕、還有熱騰騰的卡士達醬等等。從進行驗證，找到正確答案時的緊張期待感，我這輩子都不會忘記。

回過神來，我心裡更難過了，我想找回那股緊張期待的心情，想跟他和好。可是……我沒有勇氣，想到萬一他又冷冰冰的撇開視線，我就害怕得不得了。

「理花，怎麼了？」

「我回來了。」耳邊傳來熟悉的聲音。

「爸爸？」

我和媽媽同時望向玄關。

「怎麼啦？表情那麼驚訝。」爸爸狀況外的笑著說。媽媽看到一派悠閒的爸爸，想生氣都氣不起來了。

「理花爸爸，下次別再忘記帶手機了，我打電話都找不到人。」

「啊！抱歉！看在這個的份上，原諒我吧！」爸爸一邊道歉，一邊遞出手中的禮物，我的目光頓時被牢牢的吸引住！因為塑膠袋上印有我見過的花朵商標！

「爸爸，這、這是！」

「沒錯！這是 Patisserie Fleur 的蛋糕，是給妳們的禮物！」

我嚇了一大跳，因為去 Patisserie Fleur 買蛋糕，不就代表見到了蒼空同學嗎？蒼空同學還好嗎？我好想知道，我看著爸爸，沒想到爸爸的答案卻出乎我意料之外。

「蒼空同學難得不在店裡，聽說這陣子他一直在店裡幫忙，不知道出了什麼事？」

「咦？蒼空同學不在店裡嗎？」他竟然沒在店裡幫忙？

他明明誇下海口，說自己一個人也沒問題。

我的心臟開始噗通噗通的狂跳，掌心裡流出黏膩的汗。爸爸靜靜的看著我，冷不防地說道：「蒼空同學是不是在等妳？」

「什麼？」蒼空同學在等我？

「每次都是蒼空同學來找理花，偶爾由理花主動去找蒼空同學幫忙也不錯啊。」

「我主動去找他？」

爸爸點點頭。

「蒼空同學總是理所當然的邀請妳，可是，邀請一個人其實需要勇氣的！因為會擔心萬一被拒絕該怎麼辦？所以邀請的人每次提出邀請之前，都會很猶豫，妳沒有這種經驗嗎？」爸爸問我。

我看著媽媽，媽媽也點頭微笑。

可是對方是蒼空同學！他的字典裡可沒有「猶豫」這兩個字吧！

「啊！」

我想起來了！和蒼空同學的關係變得尷尬，就是在我拒絕了蒼空同學的邀約之後。他擔心我再拒絕他一次嗎？雖然我不認為蒼空同學會擔心這種事……但我剛才不是也擔心萬一他又避開我的視線、萬一他又拒絕我的話，該怎麼辦？

不僅如此，上次我在公園主動找百合同學說話時，也是鼓足了勇氣才敢開口。

對了，百合同學也說過，蒼空同學認為他不應該打擾我們。

蒼空同學總是一臉天不怕、地不怕的樣子，說不定……即使是天不怕、地不怕的蒼空同學也有害怕的時候？

「理花你覺得呢？」爸爸問我。

我……我想和蒼空同學做實驗，所以不能光是等待，也要主動出擊！而且要馬上採取行動！

聽說蒼空同學今天不在烘焙坊，該不會停止學習做甜點了……想到這個，我哪有辦法等到星期一啊？按捺不住雙腳，我站了起來。

「我出去一下！我要和蒼空同學一起解開果凍之謎！」

我往 Patisserie Fleur 跑去。

15 一 少了誰都不行

我氣喘吁吁的衝進Patisserie Fleur，看到爺爺和一個瘦瘦高高、看起來很有型的男人在店裡，他們驚訝的看著我。

「是理花同學啊？怎麼啦？」爺爺問道，我太心急，連打招呼的禮貌都忘了，直接問著：「蒼、蒼空同學呢？」

爺爺嚴肅的看著我，然後嘆了一口長長的大氣。

「那小子闖了大禍，我正打算開除他。」

「開、開除!?蒼空同學現在人在哪裡?」

「現在應該在家裡打電動吧?」

打電動?他之前為了查詢甜點的資料,甚至都放棄遊戲時間……我很擔心蒼空同學的熱情會不會因此消失了。

「謝謝爺爺!」

我衝出Patisserie Fleur,走向隔壁的蒼空家。

不可以!蒼空同學,不要放棄!我按下門鈴,耳邊傳來嗶哩嗶哩的細微聲響。

什麼聲音?

我望向聲音的來處，看到蒼空同學正敲打著平板電腦。

「啊——可惡！」

蒼空同學放下平板電腦，四腳朝天地躺在草地上。草地上有各式各樣的物品，球棒和棒球手套、跳繩和球。

「啊……好無聊。簡直是浪費時間！只在遊戲中做甜點，實在是一點意思也沒有！好想做真正的甜點啊……可是……」

我躡手躡腳的走近，看到平板電腦的螢幕中，有許多甜點的圖片，正中央是Game Over的文字。看起來，蒼空同學正在玩做甜點的遊戲，聽說班上也有人迷上這款遊戲。

「蒼空同學。」

我呼喚他，蒼空同學這才發現我來了，嚇得抖了一下，飛身而起。

「理花？妳怎麼來了。」

蒼空同學的眼睛瞪得有如銅鈴大，我面紅耳赤的盯著他看……心想今天一定要說，一定要鼓起勇氣說出口，可是要怎麼說才好？

我努力的思考，腦子裡逐漸變得一片空白。我還沒想好要說什麼，蒼空同學就已經換上嚴肅的表情開口：「理花，那個啊……這幾天我想了很多——」

蒼空同學想說什麼？該不會是……我的腦海中閃過一種可能性，他不想再和我一起做甜點了。我害怕得只想逃跑！可是，不能逃跑！因為這是我真正想做的事，放棄的話太可惜了。

快說、快說！

「我想和蒼空同學——」

「我想和理花——」

我和蒼空同學同時開口，蒼空同學急切的態度不在我之下。我不等蒼空同學說完，搶先說：

「一起做甜點！」

「一起做甜點！」

我們異口同聲。我驚訝的張大雙眼，蒼空同學顯然也很驚訝。我想，我們的表情大概一模一樣。

停頓半拍後，蒼空同學大大的嘆了一口氣：「啊啊啊啊啊……」然後當場蹲下。我也覺得雙腿發軟，一屁股跌坐在地上。

「我還以為再也沒有機會跟理花一起做甜點了。」

「我、我也是。」

「……太好了。」

我們又不約而同說出相同的話，不由得相視一笑。原來如此。原來蒼空同學也是一樣的心情。

太好了，幸好我有鼓起勇氣來一趟！不然我一定會後悔！我沉浸在好不容易恢復友好的喜悅裡。

蒼空同學站起來，走向Patisserie Fleur。

「我有東西想給妳看！」他喜上眉梢的說。

我也跟上去，突然想起一件事。

「剛才聽爺爺說要開除你……」

「啊……我不小心用掉了高級巧克力的材料，爺爺暫時不准我進烘焙坊。」蒼空同學不好意思的搔著頭，可是他的語氣很輕鬆，感覺事情並不嚴重，我反而嚇了一跳。

「這、這不是很糟糕嗎？」

看見我臉色發白，蒼空同學笑著說：「別擔心！因為理花回來了，感覺遇到再大的失敗都能挽救，我一定會在妳家的實驗室裡做出『殿堂級的甜點』！」

蒼空同學回過頭來，他的臉上充滿了自信。好久沒被他炯炯有神的眼神盯著看，我不禁有些臉紅心跳。

啊！果然蒼空同學還是露出這種表情的時候最帥氣了……

「你想讓我看什麼？」

「是我前幾天收到的生日禮物。」

生、生日？收到禮物就表示……生日已經過了嗎？我也好想表示一下啊！至少想向他說聲生日快樂。

我難掩遺憾的問他：「蒼空同學的生日是什麼時候？」

「八月五日！理花呢？」

「我是十月二十三日……咦？等等。」現在才七月？

見我猛眨眼睛，蒼空同學只是咧嘴一笑，然後走進Patisserie Fleur的烘焙坊。他對著爺爺說：「爺爺，我想重新開始學習！」

爺爺回過頭來，以嚴肅的表情看著蒼空同學說：「你該不會沒兩下就又哭著跑走吧？」

蒼空同學略顯慌張的看著我。

「我才沒有哭呢！我一定要做出『殿堂級的甜點』讓您刮目相看！也一定會讓您教我『夢幻甜點』的作法！」

爺爺嘆了一口氣，拋下一句話：「隨便你吧！」就轉身工作了。

「什麼嘛！您就不能鼓勵我嗎？像是好好努力之類的話！」蒼空同

學對爺爺不把他當一回事的回答大發牢騷，然後走向櫃子。

與此同時，爺爺看了我一眼，他和藹的笑了。他沒發出聲音，只是以嘴型對我說……謝……謝謝？

啊！爺爺也很高興蒼空同學能振作起來嗎？一定是這樣的！我忍不住也想要報以爺爺微笑時，蒼空同學已經拿了一大袋東西回來。

「走吧！」

離開 Patisserie Fleur，回到蒼空家的院子，蒼空同學把袋子打開。

「這是我提前收到的生日禮物，妳瞧——馬上就會用到。」

「好棒啊！」我忍不住驚呼。

16 新鮮水果與罐頭水果

被蒼空同學的禮物吸引住目光的同時，《七個孩子》的鐘聲響起。

該回家了——啊！我回過神來。對了，還有一件很重要的事！

「蒼空同學，你聽我說！」我連忙告訴他果凍無法凝固的事。

「果凍無法凝固？不過，烹飪課做的是寒天，不是果凍呢！」

「咦？果凍跟寒天不是同一種東西嗎？」我意外極了！因為我一直以為果凍就是寒天！

很多東西雖然名字不同，但其實是一樣的東西，就像小蘇打粉和泡打粉。

「嗯，它們雖然很像，但卻是不一樣的東西。書上寫說……寒天是由名為石花菜的海藻製成的東西。果凍則是萃取自動物的骨頭或皮質的膠原蛋白所製成的。」

「欸，差這麼多!?」所以才無法凝固嗎？「也就是說，只要改用寒天就能凝固嗎？」我鬆了一口氣，蒼空同學卻露出為難的表情。

「可是……我猜味道可能不太一樣。單吃的話，我比較喜歡果凍，因為口感完全不一樣。寒天雖然軟，但果凍在嘴巴裡則是滑溜滑溜的化開，每個人的喜好不盡相同。」

原來如此，這麼說來……我想起吃蜜豆寒天時，覺得有點硬的感覺，我可能也比較喜歡果凍滑溜的口感。

既然要做，我想在廟會端出自己喜歡的食物，這樣會更開心。

「原來如此，那我比較想做果凍……」

更重要的是──

「妳不喜歡這種留著謎團，揮之不去的感覺！」

蒼空同學一針見血的說出我的心聲，我很驚訝！

蒼空同學莞爾一笑的說：「對吧？妳都寫在臉上了。」

啊，我表現在臉上了嗎？

我害羞的點點頭。

「那就通過『實驗』來『驗證』吧！」

「嗯！一起來動手！」

我們的關係總算已經完全恢復正常，我放下心中的大石頭，心情也變得輕鬆。

一個人絞盡腦汁也完全想不出來，多虧蒼空同學對料理的知識，感覺離答案越來越近了。正因為蒼空同學知道的世界與我所知道的世界不同，和他一起搭檔時，就能拓展我的世界，真是太好了。

啊！我果然還是想跟蒼空同學一起做實驗。

「殿堂級的實驗」——這已經不是什麼實驗都可以了。只有與蒼空同學一起做出「殿堂級的甜點」，才能讓我產生這種興奮又期待的心情！

我甚至覺得我們是天生一對，兩個人等於一個人。我忍不住笑了，蒼空同學也笑得很開心。

「時間已經很晚！妳該回家了。」

「糟糕！回家要挨罵了！」

雖然說夏天的天色暗得比較慢，但時間真的已經很晚了。我三步併成兩步，趕快回家。

結果今天還是沒能解開果凍之謎，可是即將到來的廟會活動，已經決定要義賣果凍！

爸爸媽媽都笑容滿面的說：「理花和蒼空一定會解決無法凝固的問題，所以不用擔心。」可是，仔細想想，要解決問題的工作，應該是媽媽，不是我吧？

不過，既然我已經決定要和蒼空同學一起做，倒也沒太大異議。距離廟會已經沒剩多少時間了，所以也不能太鬆懈……

嗯……寒天和果凍到底有什麼不同？

隔天的課堂空檔，我在實驗筆記的角落做了一張圖表，因為用表格比較容易理解，我在最上面的欄位寫下「水果寒天」、「水果果凍」。

接下來，不知道要寫什麼？我對著這兩行字大眼瞪小眼。

然後，我寫下「材料」，在旁邊條列「寒天和水果（柑橘、鳳梨、奇異果）」以及「果凍粉和水果（柑橘、鳳梨、奇異果）」。

接下來的「作法」該怎麼寫呢？

寒天和果凍都要用熱水溶化，只不過寒天是直接用煮的，果凍則是用熱水溶化，有點不太一樣。

想了一會兒，我先寫下「作法」，再寫下「用煮的溶化」和「用熱水溶化」，然後又寫下「冷卻凝固」。

寫到這裡，我卡住了。

凝固的時間是不是也不太一樣？寒天不到三十分鐘就可以凝固，果凍卻花了兩個小時？於是我又增加一個欄位，寫下「三十分鐘」和「兩個小時」。

「所以原因是……」

我輪流指著「材料」的欄位和「作法」的欄位，有太多不同的因素了！這樣無法順利比較。必須縮小原因的範圍才行！對比必須更加明確才行，問題是該怎麼做？

感覺好像有東西卡住了，我的內心有點茫然。等我意識過來，已經到了吃午飯的時間了。

今天的營養午餐是什麼？想到這裡，某個東西映入眼簾。

「水果果凍？」

我還以為是因為自己滿腦子都在想果凍，所以產生幻覺了。

咦？這個果凍跟我在家裡做的一樣，都加了柑橘和鳳梨，可是並不妨礙果凍凝固……我拿出實驗筆記，在「水果果凍」右側旁邊再加上一欄寫著「營養午餐的果凍」。

好像有點線索了，感覺關鍵就在這裡！我不由得激動起來。

吃完其他的菜之後，我還目不轉睛地盯著果凍看，耳邊傳來脩同學的聲音：「你怎麼這麼嚴肅的看著果凍……妳不喜歡果凍嗎？」

果凍占據了我的思緒，我隨口回答他：「我只是在想……這個果凍裡加入了柑橘和鳳梨呢！」

「什麼？」脩同學莫名其妙的眨了眨眼睛，然後指著營養午餐放置餐具的地方。「妳在說什麼啊？午餐時間結束囉！值日生在催了。」

我回過神來，四下張望，幾乎所有人都已經吃完午餐，開始收拾。

值日生負責把餐具送回廚房，然後是大家期待的午休時間。

除了值日生以外，其他的學生都有如脫韁野馬，立刻衝到操場上，只剩下我一個人。我匆匆忙忙地吃掉果凍，幫忙收拾餐具。

剛好蒼空同學是今天的值日生，他小聲地對我說：「理花！」

我反射性的告訴他：「蒼空同學，剛才的果凍有柑橘和鳳梨，可是並不妨礙果凍凝固呢！」

話一出口，我這才反應過來。糟了！我跟蒼空同學說話了！可是現在已經顧不得會不會被人誤會，我滿腦子都是果凍的謎團，無暇顧及其他事情。

蒼空同學點頭附和，看樣子他也在思考同樣的事。

「嗯，妳說的沒錯……超市裡面有賣各種凝固的水果果凍，什麼水果口味都有。」

說的也是。

我努力回想，這麼說來，超市賣的果凍裡都有些什麼？柑橘、鳳梨、水蜜桃、櫻桃……印象中各式各樣的水果都能做成果凍，那在家裡做的果凍為何無法凝固？

感覺就快要理出頭緒了，我拿起筆記本，正要回座位，卻被蒼空同學攔住了。

「理花，我們要不要去廚房問清楚？」

原來還有這招？蒼空同學指著全班同學的餐具，狡黠一笑，他正要把那些餐具送回廚房。

「直接問做的人是最快的方法！」

有道理！蒼空同學好聰明！而且想到就去做的行動力也令我佩服得五體投地，我和蒼空同學走向廚房。

這是我在開學時的學校導覽之後，再一次進入營養午餐的廚房。廚房裡有巨大的鍋子、巨大的碗盤、巨大的飯匙……總之，什麼都很巨大。

明明同樣都是做料理的地方，卻和 Patisserie Fleur 還有我家的廚房都不一樣，令我大開眼界。

「很少有人會來問我們問題呢！怎麼了？你們想要在家裡自己做嗎？」廚房阿姨停下手邊的工作，問我們需要什麼協助。

我立刻提出水果果凍為何無法凝固的問題？

「啊……因為我們用的是罐頭水果。」廚房阿姨親切的回答。

「罐頭水果？」

「用新鮮的水果無法凝固！所以在家裡做果凍時，最好用罐頭水果。」說完，廚房阿姨又回去工作了。

她似乎很忙，我們也不好意思再打擾她，只好先回教室。

回到教室，教室裡沒有半個人，班上的同學幾乎都去操場玩了，或是去圖書室看書。我回到自己的座位上，蒼空同學坐在我前面的空位，與我面對面。

我拿出實驗筆記，攤開在桌上，然後在表格中「營養午餐的果凍」的「材料」欄裡把「（罐頭）」寫在「水果」旁邊。

「用罐頭水果就能做出果凍嗎……」這麼說來，在家裡做的時候，除了罐頭的柑橘和鳳梨以外，還加了奇異果，奇異果不是罐頭。

「可是……嗯……」

即使知道加入水果也能凝固，還是沒有完全解開果凍之謎，感覺很不舒服。這麼一來，又產生了新的疑問，為什麼非用罐頭水果不可？為什麼寒天就能凝固？我的頭頂冒出一圈又一圈的問號。

聽我念念有詞，一直嘀嘀咕咕，蒼空同學哈哈大笑的說：「理花，妳完全不能接受罐頭果凍這個『答案』吧？」

我老實的點點頭。

「因為問題完全沒有解決啊！」

聽到我的回答，蒼空同學一臉「我就知道」的表情說：「我想也是，而且用罐頭來做果凍也太普通了吧？營養午餐就可以吃到了。加入新鮮的水果肯定更好吃，感覺也更特別！廟會就是要吃特別的果凍。我喜歡哈密瓜，想加入哈密瓜。」

「就是說啊！我也想加入草莓！」得到蒼空同學的認同，我點頭如搗蒜。果然還是加入自己喜歡的東西最好！

「再說了，寒天就算加入新鮮水果也能凝固啊！果凍沒道理不行。如果因為這樣就放棄，實在太可惜了。」

「對啊！那就來驗證吧！我們一定要成功做出可以加入新鮮水果的果凍！」

「嗯！」

「你們在聊什麼？」正當我們為彼此加油打氣時，剛從操場玩回來的百合同學靠過來好奇的問。小唯、奈奈也一起湊了上來。

看了一下時鐘，午休時間快結束了。

其他同學也陸續回教室，看到我和蒼空同學正隔著一張課桌聊天，紛紛露出不可置信的表情。

啊！被大家撞見我和蒼空同學單獨說話了！

我不知該做何反應？倒是百合同學輕描淡寫的說：「你們在討論做甜點的事吧？」

感謝百合同學及時幫我解圍，大家的視線沒那麼尖銳了，讓我鬆了一口氣。

「對、對啊，其實是——」我簡單的跟大家說明情況，百合同學的表情一下子就亮了起來。

「咦？理花同學的媽媽要在廟會上義賣果凍啊？好期待！」

「如果能加入哈密瓜或草莓一定很好吃吧？」蒼空同學說得煞有其事，害我捏了一把冷汗。

等一下！蒼空同學，現在還不確定能不能做得出來！話說得這麼滿，萬一做不出來，會變成大家的笑話！

「可是問題目前還沒有全部解決……聽說不能用新鮮的水果。」我趕緊說。

「別擔心，理花一定能解開這個謎團！」蒼空同學說道，引來男同學一陣玩笑。

「這種事怎麼可以只依靠別人！」其他人也笑成一團。

啊？這麼看得起我……讓我有點不好意思！

「可是我看過加了奇異果的果凍！但市面上並沒有奇異果罐頭這種東西吧？」小唯一臉費解的說，奈奈也點頭附和。

「印象中……我們家好像也收到過加了奇異果的果凍禮盒，除了奇異果還有葡萄、梨子之類的？」

咦，也就是說，罐頭以外的水果也能做成果凍？

我開始有幹勁了。興奮的說：「如果真的做得出來，我想做新鮮的水果果凍！像是加了哈密瓜或草莓的果凍。」

「嗯！來試試吧！」蒼空同學喜形於色的說。

我也覺得只要和蒼空同學一起努力，應該做得出來！真令人期待……我忍不住笑了。

「那是我的座位。」

有個聲音冷冰冰的插進來，嚇我一跳，回頭一看，脩同學就站在我們背後。

脩同學手裡捧著一疊書，看樣子是剛從圖書館回來。

「啊，抱歉！借我坐一下。」

坐在脩同學椅子上的男同學嘻皮笑臉的說，可是脩同學依舊面無表情。

咦？怎麼了？不像他平常的樣子！就在教室裡開始瀰漫一股尷尬的氣氛時，上課鐘響了。

這節要大掃除，大家紛紛往自己負責打掃的區域移動，我和脩同學一組，負責打掃樓梯。

脩同學的態度跟平常不太一樣，出了什麼事？他這麼討厭別人坐他的位子嗎？可是……我一直以為他是那種很成熟，無論發生什麼事，都能一笑置之的人呢！

我一邊揣測一邊觀察他的反應，只見脩同學輕聲嘆息，原本嚴肅的表情似乎也放鬆了一點。脩同學瞥了我一眼，有些不滿的說：「原來妳在廣瀨面前會露出那種表情啊！」

那種表情是哪種表情？如果是很奇怪的表情怎麼辦？

看見我一臉疑惑，脩同學問我：「關於上次問妳的事。」

上次問我的事……我愣了一下，上次的事是指那件事嗎？

「你是指一起做『殿堂級的實驗』嗎……？」

脩同學目不轉睛的看著我，點點頭。

如果是那件事，我心裡已經有答案了。我想做的「殿堂級實驗」是「製作出殿堂級的甜點」！

我鼓起勇氣開口：「我還是想跟蒼空同學一起做實驗。」

「為什麼？明明我的理化成績比蒼空同學更好，而且我們的興趣也很相近……」

「蒼空同學的理化成績確實不怎麼樣，可是他對料理有很深入的了解，知道很多我不知道的事。所以跟蒼空同學一起做實驗，可以完成很多我自己一個人完成不了的事！」我滿懷歉意的凝視著脩同學，他大概會很生氣吧？可是我不想說謊。

我提心吊膽的說完，像在等他宣判一樣，只見脩同學悠悠的嘆了一口氣，完全沒有生氣的跡象，反倒讓我有點意外。

「嗯……比起深度，選擇了廣度嗎？我還以為自己能輕鬆獲勝……看來不能太小看他呢！」

脩同學說著高深莫測的話，然後就沉默下來，不發一語。

17 一肉的提示

心事重重的回到家，我打算再次嘗試解決果凍的問題。要面對的問題實在太多了，至少要解決果凍的問題，讓自己感覺好一點！如果找不到答案，晚上肯定睡不著覺！而且也快沒時間了！

我在客廳的桌上攤開筆記本，找到空白頁開始寫下「不用罐頭，改用新鮮水果做果凍的方法」，寫到一半……突然腦海冒出一個疑問，手停在半空中。

「不用罐頭……這句話是什麼意思？」

話說回來，罐頭是怎麼製成的？想到這裡，鼻尖掠過一股好香的味道。

「好香啊……」

我忍不住跑去廚房一探究竟。

「今天的晚餐是什麼？」

我問媽媽，媽媽笑得很得意。

「牛排！今天買到很便宜的肉。」

哇！我最喜歡吃肉了！我興奮極了，媽媽洋洋得意的挺起胸膛，說道：「而且我還看到可以讓便宜的肉變得很好吃的作法，打算今晚就來試試看。」

「沒問題吧？」我一下子變得不安起來。不擅長料理的媽媽……該不會受騙了吧？

媽媽不服氣的鼓著臉反駁：「書上寫著只要用奇異果的果汁醃漬，肉就會變軟！」

「奇異果……」

我不由自主地重複著這三個字，因為奇異果正是導致果凍無法凝固的水果。不過，可能不是奇異果本身的問題，而是因為奇異果不是罐頭的關係，但我總覺得有些在意。

「媽媽，那本書在哪兒？」

「就放在桌上。」

我往桌上看過去，不禁愣住。因為那是我從圖書館借回來的書——《理化與料理的美味關係》。

咦？這本書……我翻開目錄，的確看到書中有奇異果能讓肉變軟這行字。我大聲念出書上的內容：「奇異果含有『蛋白質分解酵素』，能讓肉變軟……」

什麼是「蛋白質分解酵素」？

我記得蛋白質是三大營養成分之一，而且吃營養午餐的時候，老師說過蛋白質是構成血液和肌肉的成分，

我看不懂的是「分解酵素」這部分，我在洗潔精的廣告裡聽過「分解」和「酵素」這兩個單字……問題是，這兩者之間有什麼關係？應該沒關係吧？因為書裡寫的是肉，又不是果凍，我對自己說，正想闔上那本書時。不知道為什麼，奇異果始終盤踞在腦海，揮之不去。我實在是太好奇了，只好繼續看下去。

咦？

我看到某個字眼時，忍不住「啊」的大叫一聲。

我看到的是「果凍」這個名詞，仔細一看，那一頁的角落有個標題寫著「新鮮水果會導致果凍無法凝固」的小專欄。因為是給大人看的書，對我來說有點難度，而且專欄裡的字好小。

儘管如此，我仍然繼續往下看。

果凍之所以無法凝固，是因為奇異果含有一種稱為「奇異果酵素」的「蛋白質分解酵素」。果凍粉的原料是明膠，明膠的主成分是蛋白質，所以加入含有蛋白質分解酵素的水果會削弱凝固力。

我找出字典，查詢看不懂的單字——「主成分」和「凝固力」。原來「主成分」指的是主要含有什麼成分，「凝固力」則是能讓物質凝固的力量！

換句話說，奇異果裡的「蛋白質分解成分」會導致由蛋白質形成的果凍無法凝固！

「原、原來如此！我懂了！」

好神奇！我忍不住鬼吼鬼叫。媽媽聽到我的叫聲，走進客廳問我：

「怎麼了？」

「媽媽，這、這本書上寫了水果果凍為什麼無法凝固的原因！」

「欸？真的嗎？」

「是真的，謝謝您！」

「謝謝？我只看了肉的那一頁啊！」媽媽似乎有點狀況外。

幸虧媽媽只看了關於肉的那一頁，我才能自己發現！

「啊！不過書上只有說明原因，並沒有寫到要怎麼做才能讓果凍凝固……」我又再度陷入苦惱，看了這本書，可以得知鳳梨或無花果也含有相同的酵素。

「鳳梨……」這兩個字吸引了我的注意力，因為營養午餐的果凍裡有鳳梨，但果凍還是凝固了！

難道是……因為是「罐頭」鳳梨？

看了看桌上的筆記本，表格中「罐頭」的字眼映入眼簾。廚房阿姨也說過換成「罐頭」就能凝固……

罐頭又是怎麼做的？

我打開電腦，輸入「罐頭的作法」，搜尋到的網頁是這麼寫的：

「將食品裝進罐頭裡密封後，以加熱的方式殺死會導致食品腐敗的微生物（加熱殺菌），讓食物可以在常溫下長期保存。」

這裡又充滿了我不會念的單字，有些字我根本看不懂，但我仍舊不氣餒的查字典。

也就是說，食物只要裝進罐頭裡，蓋上蓋子，加熱消毒就不會腐敗嗎？過程中不時冒出「加熱」的字眼，「加熱」是新鮮水果與罐頭水果最明顯的差異。

直覺告訴我，**關鍵就在這裡**。

但這只是我的直覺，必須經過驗證才能夠真正搞清楚、弄明白。因此——**「要做實驗才可以找到答案。」**

我打算明天一大早就告訴蒼空同學，放學後就來做實驗吧！

18 失敗為成功之母

第二天，我一見到蒼空同學，就告訴他新鮮的水果和罐頭水果的差異，約好放學後要進行驗證。

放學回家的路上，蒼空同學小跑步的從後面追上來。

我還以為只有自己歸心似箭！想不到比我晚離開學校的他居然能跟我在同一個時間到達？我一面讚嘆著他的腳程實在太驚人了，一邊問媽媽：「您有買做果凍的材料回來嗎？」

「當然有！」

媽媽給我看了裝滿袋子的材料，裡面有果凍粉、柑橘罐頭、鳳梨罐頭、還有奇異果。

我想在相同的條件下做實驗，所以請媽媽購買跟上次一樣的材料，就像以前針對無法膨脹的鬆餅做實驗那樣，除了要比較的部分以外，盡可能保持在相同的條件下進行，是進行實驗時的重點，因為這樣才能夠判斷是哪裡出問題。

「今天要研究『加』了奇異果能不能讓果凍凝固，所以其他條件最好都一樣。」

「可是說到加熱，方法也有很多不是嗎？蒸、烤、煮、炸……到底要用哪一種呢？」

「嗯……用烤的或炸的話，應該會燒焦吧？」

「所以要用蒸或煮嗎？可是沒有蒸籠……那就用煮的吧？」

我也贊成蒼空同學的提議，只是有個小問題：

「水果用煮的，感覺好奇怪。」

「果醬就是用砂糖熬煮而成的啊！」蒼空同學馬上舉例說明。

「啊！說的也是。」我覺得很有道理。

蒼空同學開始用熱水煮切好的奇異果，因為不知道要煮多久？所以我們先用燒開的熱水煮一分鐘，然後再加上罐頭的柑橘和鳳梨一起倒進用果凍粉溶解的糖漿裡。

「再來是等待的時間。」

聽蒼空同學這麼一說，我才反應過來。仔細推算，需要兩小時才會凝固……兩個小時之後，蒼空同學都要回家了！

「蒼空同學，它們要兩個小時才會凝固……」

我指著桌上設定好的計時器，蒼空同學先是嚇了一跳，然後馬上接著說道：

「啊！想起來了，記得前陣子爺爺有告訴過我，吉利丁果凍凝固的溫度比較低。印象中好像是十度左右，比體溫還低，所以果凍才會入口即化。呈現出一放進嘴裡就開始融化的滑溜口感。」

原來如此！爺爺真是知識和經驗豐富，令人佩服。我看了時鐘一眼，再過一會兒，《七個孩子》的鐘聲就要響起了。

「還需要好久，感覺今天無法完成！」

「真的好久啊……」

要怎麼做才能在今天就知道結果呢？蒼空同學拍了一下手。

「要不要改放冷凍庫？」

我忍不住笑了。

這才是我認識的蒼空同學！可是，**不能這樣！**

「這麼一來，條件就會改變了，所以不行。萬一失敗，問題可能會出在冷凍上。明天早上，我再向你報告兩小時後的實驗結果。」

「可惡，只有妳知道，好不公平！」

「我不會偷吃啦！成功的話，明天的甜點就有著落了！」我也想跟蒼空同學一起分享。

「好吧！」

蒼空同學雖然不太樂意，但也沒有其他辦法，只好點頭答應，乖乖先回家去了。

太陽下山後。

我盯著計時器，自己一個人在實驗室裡等待著。當計時器歸零，我立刻打開冷藏庫，拿出裝果凍的容器。掀開蓋子，情不自禁的大聲歡呼：「太棒了！凝固了！**成功**！」

聞聲過來看結果的媽媽也手舞足蹈的說：「太好了！這麼一來，廟會一定也能圓滿成功！」

我好想馬上吃吃看味道如何？可是又提醒自己一定要忍耐！不然太對不起蒼空同學了。

我把容器蓋好，小心翼翼的收進冰箱最底層，然後在實驗筆記寫下大大的「成功！」

啊！真期待明天趕快來，可以跟蒼空同學一起分享！這天晚上，我抱著雀躍不已的心情進入夢鄉。

第二天，我告訴蒼空同學實驗成功了，蒼空同學也很高興，大呼「等不及放學啦！」我也是相同的想法，一整天的心情都很興奮。

回到家之後，我們兩人快步走向實驗室，打開冰箱。

沒想到——

「你瞧，確實凝固了……咦？」

我打開容器的蓋子，嚇了一跳。

「哇啊啊！結冰了！」

我明明放在冷藏啊？

「啊！爺爺說過冰箱的最底層很容易過冷，所以要把烘焙甜點放在蛋糕櫃的上方、把含水量較高的甜點放在下方。」

這、這樣啊，這麼說來……冷空氣確實比暖空氣還重，所以會沉澱在下方！

可是我明明放在冷藏，卻還是結冰了，真傷腦筋！

我很沮喪，蒼空同學卻不以為意，笑著說：「妳已經確認實驗成功了，這不就好了嗎！開動吧！看起來很好吃的樣子！」蒼空同學語氣輕鬆的說，然後用刀子迅速切開果凍，放在盤子裡。

蒼空同學真的很不拘小節啊！

受到鼓勵，我也拿起湯匙準備開動。可是果凍溜來溜去的，很難用湯匙把它舀起來吃。

「改用叉子是不是比較方便呢？」

蒼空同學遞出叉子，我小心翼翼，戳進果凍裡。

「咦？插進去了。」

「看樣子沒有完全結凍。」

吃起來口感還是挺滑溜順口，相當不可思議，我再把叉子戳進去一點，結冰的果凍漂亮的破成兩半，果凍送入口中，我整個人驚呆了！冰冰涼涼的。

「這、這個……好好吃！」

保留一半果凍的Q彈，再加上水果的部分結冰，多了有如雪酪般的冰沙口感。吃進嘴巴裡融化後，又變回滑溜的口感，好奇妙啊。

「這是什麼！好好吃！」蒼空同學也大聲歡呼。

我們專心的低頭猛吃，幾乎同時吃完，然後驚喜的對視。

「這個甜點太厲害了吧！如果在夏日廟會義賣，比起果凍，我更想吃這個，因為八月天氣很熱！」

我恨不得舉雙手雙腳贊成，我也想吃這個！但隨即想到一個問題：

「啊！可是已經沒有多餘的冷凍庫可以用了。」

「這樣啊……」蒼空同學似乎很遺憾。

但我也無可奈何。

「那就沒辦法了，畢竟又不是我們要擺攤。」

目送蒼空同學失望離去的背影，我也陷入了低潮。

19 — 製作冷凍庫

果凍無法凝固的問題應該已經解決了，菜單也拍板定案，這麼一來，就能順利準備夏日廟會了。但我總覺得無法釋懷，心情不太舒坦。因為我明明知道有更好吃、更好玩的作法，就這樣放棄的話，怎麼說都太可惜了。

嗯……嗯……有沒有什麼更好的主意呢？

當我陷入沉思時，有個人影出現在我的面前。

「理花同學？大家都去操場玩了，妳不去嗎？」

「什麼？」

聲音的主人是脩同學，我這才回過神來，四下張望，教室裡只剩下我和脩同學。原來，不知不覺已經到了午休時間。我甚至不記得營養午餐吃了什麼？或許自己真的有點不太對勁。

這時，我意識到另一件事，我、我和脩同學單獨在一起！意識到這一點，我頓時驚慌失措，覺得好尷尬！

在那次選擇拍檔的話題之後，我和脩同學非必要不交談，頂多只跟他打招呼，脩同學也是。

所以我猜……他大概討厭我了……這也是沒辦法的事。

「妳今天一直在發呆。」

「有、有嗎？」

「老師說的話，你一個字也沒有聽進去的感覺。妳和廣瀨之間是不是發生了什麼事？如果妳改變心意，隨時歡迎你跟我搭檔。」脩同學微微一笑。

我不禁愣住了！

該怎麼說呢？他的態度就像完全不介意我上次的回答。話說回來，我應該給過他答案了。既然如此，他應該……嗯……至少不是這種態度才對。換作是我，一定會想要逃避。

「那個，脩同學……」我冷不防瞄到脩同學手中的書，頓時把想說的話全都拋到九霄雲外。

「我也有那本書。」

我是怎麼了？竟然無法從那本書上移開視線，我的內心一陣悸動，好像有人正對著我搖旗吶喊，告訴我解決問題的提示就在那本書裡，這種感覺似曾相識……

脩同學將目光落在書本上，回答：「這是我剛才去圖書室借的書，因為快要放暑假了！」

脩同學手裡的書是《暑假的自由研究》……我和爸爸根據這本書做過許多研究，想起這段過往的同時，我「啊」的大叫了一聲！

「脩同學，那本書可以借我一下下嗎？」

「可以是可以……但妳要做什麼？」脩同學挑著眉毛問道。

我接過那本書，以飛快的速度翻頁。終於被我找到了。

「找到了！」

「什麼？咦……妳要做這個嗎？」

我興奮至極，沒時間向他說明，只能拚命地點頭。這麼一來，就算沒有冷凍庫也能解決問題了！

哇啊啊啊！太好了！

「脩同學，謝謝你！託你的福，我想到一個好主意了。真的是非常感謝你！」

我不斷的向他道謝，脩同學呆若木雞的看著我。

「是嗎？……不客氣。」

脩同學先是目不轉睛的看著我，然後倏地撇開視線。

咦？他好像臉紅了……

啊！我太激動了，完全忘了前面尷尬的事，恢復平常一樣自然的跟他說話了，怪不得脩同學會有這種反應。

「理花同學……那個……」脩同學輕輕地揚起臉，臉上似乎還帶著一抹紅暈。

「什、什麼事？」

「呃……」脩同學又低下頭去，反應跟剛才完全不一樣。

正當我不知該如何是好時，音樂響起，打掃的時間到了！

「真的非常感謝你！不如我們……現在一起去打掃吧？」我試著轉

移話題。

「啊，嗯。」脩同學還是低著頭，感覺非常古怪。

當天放學後，我告訴蒼空同學我想到的點子，蒼空同學飛也似的直奔實驗室。

「妳說沒有冷凍庫的問題解決了？」

「要試過才知道行不行，但我想應該行得通。」我將材料拿出來，放在桌上，從店裡買回來的一個果凍、還有大碗和冰塊。

「這些是做什麼的？」蒼空同學側著頭問我。

「我以前和爸爸曾經做過，用這個就可以做出冰棒。」

「可是加入冰塊頂多只會變冷，不會結冰吧？」蒼空同學滴溜溜地轉著眼睛，不明白我在說什麼。

我拿出一樣東西給他看。「這時候就輪到『鹽』出馬了！」

「鹽？」

我拿出實驗筆記，翻到前面，上頭寫著很久以前做的實驗步驟。「加入鹽就可以讓物體結冰。」

「真的假的？」蒼空同學表現出一副不太相信的反應。

嗯，或許直接做給他看會比較快。我接著往下說：「今天沒有時間做果凍，所以直接買店裡的來用，明天再從果凍開始做起。」

「了解。」

我模仿和爸爸做的實驗，和爸爸做的實驗是用果汁做冰棒，但我覺得只要方法一樣，應該也能成功，我把店裡賣的五十克果凍放進可以密封的塑膠袋裡，然後在大一號的塑膠袋裡裝入兩杯冰塊，再加入兩大匙鹽巴。然後把裝了果凍的塑膠袋放進裝有冰塊的大塑膠袋裡，猛力搖晃三分鐘。最後，戰戰兢兢的打開袋子一看……

「天啊！果凍真的結冰了！好像變魔術！為什麼呢？」蒼空同學大

叫了起來！

我邊看筆記邊回想爸爸的說明：「這是『科學』，不是魔術！我想想看……首先是冰塊，冰塊變成水的時候要從周圍吸收熱能，所以會降低周圍的溫度。我們摸到冰塊會覺得冷，就是因為體內的熱能被冰塊吸收了。」用冰塊降溫時，碰到冰塊的部分在變冷的同時，冰塊也會融化，變成水。

這是正常的邏輯，但是反過來思考，冰塊變成水的時候會吸收物體的熱能，讓物體冷卻……

「既然如此……不用加鹽也能降低周圍的溫度吧？」

「嗯，是這樣沒錯，可是加入鹽巴時，鹽會干擾水變成冰塊，所以冷卻效果比用一般的冰水更好。」

「完全聽不懂妳在說什麼。」

爸爸告訴我原因時，我也完全聽不懂他在說什麼？

該怎麼說明才會比較淺顯易懂呢？我想想……有了！我想到一個辦法，那就是爸爸給我看的某個數字。

「蒼空同學，你知道水幾度會結冰嗎？」

「零度。」

我點點頭。

「那你猜這些冰水現在是幾度？」

「因為還有冰塊，當然是零度啊。」

我將溫度計插進冰水裡面，上面顯示出來的溫度令蒼空同學目瞪口呆。

「哇！居然是零下十八度！真的假的？」

實驗！理花的科學講座……②零度也不結冰的水？

學校是不是教過，水在零度時會結冰？可是，有時溫度低於零度，水也不會結冰，是不是很不可思議？

除了鹽以外，水裡溶化什麼東西，會讓結冰的溫度降得更低呢？

試著換掉溶解的東西、改變溶解的份量來做實驗吧！

動動腦，想一想！

冬天會在下雪的馬路上撒滿「防止凍結劑」，避免路面凍得又硬又滑。防止凍結劑通常都含有「氯化鈉」，是不是以同樣的原理防止路面結冰呢？

生活周遭其實充滿了科學的力量，不妨研究一下，背後的原理？

※實驗時，記得要先跟家裡的人報備喔！

我也很驚訝，因為上次的溫度沒有這麼低。

「冰塊會繼續融化變成水，但是變成水的時候會吸收周圍的熱能，所以溫度會越來越低。然而受到鹽巴的干擾，無法再變回冰。當冰塊繼續融化，周圍的水越來越冷……溫度便會不斷下降。」筆記本上寫著加入鹽巴，溫度可能會降到零下二十一度。

我說出結論：「有了這個，**就能用來代替冷凍庫！**也能賣果凍冰了！」

「嗯！太好了！」

「我們明天再從果凍開始做吧，這麼一來，終於大功告成了！」看到終點，我的內心充滿成就感。

「可是……果凍的形狀和內容，我們還沒有頭緒。因為是要義賣的東西，外觀也很重要。就像爺爺的蛋糕，口感再好吃，賣相不佳的話也沒有人要買。」蒼空同學不安的說，我也開始感到不安。

說的也是，我對這種外觀的設計很不在行！不過我馬上就想到救星了，我們身邊不是有一個很有美感的人嗎？

「如果是這個問題，我有個合適的人選可以請教。」

我說出我的想法，蒼空同學雖然有些意外，但隨即表示贊同：「真是個好主意！」

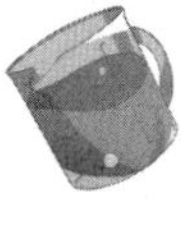

20 夏日廟會登場

開始放暑假了，夏日廟會的腳步也一天天逼近，廟會的準備工作真的非常辛苦，媽媽和我、蒼空同學都忙得不可開交。

其中一個原因，是我們犯了一個很大的錯誤！那就是遲遲申請不到販賣水果果凍的許可！因為水果果凍是不用再加熱，就可以直接吃的即食食品，萬一引起食物中毒可不得了，所以不能隨便販賣！

然而，媽媽並沒有放棄，因為捨不得放棄我和蒼空同學好不容易想

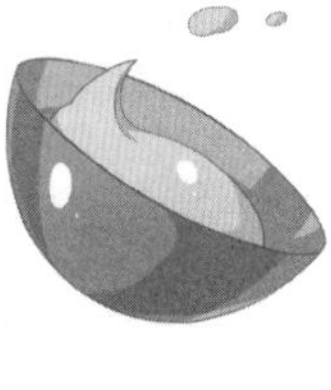

出來的果凍作法，最後她找到的方法是——

「讓您久等了！」蒼空同學從 Patisserie Fleur 走出來，他的手裡拿著保冷箱。我掀開保冷箱的蓋子，探頭看到裡面裝滿了閃閃發光，有如寶石般的果凍。

結果是媽媽出面拜託 Patisserie Fleur 幫忙做果凍。因為 Patisserie Fleur 是有營業許可的正式甜點店，所以在廟會販賣由 Patisserie Fleur 提供的食物就沒問題。蒼空同學拚命說服爺爺讓我們幫忙做果凍，如果不能親自參與製作的話，不是非常遺憾嗎？

「蒼空同學，爺爺呢？我想向他道謝。」媽媽問蒼空同學。

「有些果凍還在冷凍中，爺爺晚點會拿去廟會。」蒼空同學回答。

「麻煩您檢查數量！」

蒼空同學說得有模有樣，就跟店員一樣，我笑著接過果凍。透明的果凍裝在心形的容器裡，果凍裡鑲滿切成小塊的水果。嗯，果然很好看！

幫我們構思要放入哪些水果、做成什麼形狀的人其實是百合同學！我認為再也沒有人能比百合同學更適合了，所以請百合同學幫忙，百合同學很熱心的幫忙想了很多可愛的點子，還畫圖給我們參考。這些果凍就是參考她畫的圖製作而成。

接下來——這些果凍將藉由「科學的力量」大變身！

我滿心期待，一旁的媽媽問蒼空同學：「你真的要來幫忙義賣嗎？你來幫忙的話，店裡不就沒人手了？」

「這比在店裡幫忙有趣多了。」蒼空同學活力充沛的回答，媽媽笑得很開心。

「能得到 Patisserie Fleur 的孫子幫忙，真是如虎添翼啊！」

「他可是爺爺的徒弟！」

我補上這句話，蒼空同學有點難為情的笑著說：「我這個徒弟只是個候補啦！真希望爺爺能早日正式收我為徒！」

我們抵達擺攤的帳篷時，大家都已經在準備了。距離廟會開始還有三個小時左右的時間，媽媽和其他的大人都忙著在外面裝飾招牌，我和蒼空同學也著手準備做「實驗」。

我帶來的大型保冷箱，裡面裝了滿滿的冰塊，還準備多達三公斤的鹽巴以備不時之需。只要在保麗龍的盒子裡混合這些材料，就成了臨時的冷凍庫！

可是當我準備到一個段落的時候，突然開始有點彆扭。那個「？」要什麼時候給他才好……好緊張啊！

我在準備夏日廟會的同時，也認真的為另一項重大活動做準備，另一項重大活動就是蒼空同學的生日！

難不成……只有我發現他的生日和夏日廟會是同一天嗎？如果可以的話，我希望成為第一個送他禮物的人，我想搶先在任何人之前祝他生日快樂。

「蒼、蒼空同學，聽我說……」我鬼鬼祟祟的在包包裡亂摸一通，就在手指剛碰到紙袋時。

「理花同學。」熟悉的聲音令我心頭一驚，馬上放開紙袋。

回頭一看，脩同學就站在我身後。

「什、什麼事？」

聽到他這樣叫我，也令我大吃一驚！因為我們之間的疙瘩到現在還沒有消除。即使有事要跟對方說，氣氛也很尷尬，無法再像以前那樣自然的交談。

但他今天的神情和語氣就像——我們為了昆蟲的話題，聊得口沫橫飛的時候，這是怎麼回事？

「根本還沒分出勝負，就這樣認輸的話，實在太不像我了。」

「什麼？」我聽不懂他在說什麼，脩同學苦笑著，只好換個方式說：

「聽說理花同學要擺攤，我也來幫忙。」

「咦？你要幫忙？」

「其實我是想跟妳一起逛廟會啦……有什麼需要我幫忙的地方嗎？」脩同學笑咪咪的說著。

那、那個，那個話題不是已經結束了嗎？怎麼又提起了？

可是當蒼空同學從我背後冒出來的時候，脩同學臉上的笑容瞬間蒙上一層陰影。

「你來晚一步！這裡已經不需要人手幫忙了。」蒼空同學一臉得意的說道。

脩同學的眉心微微的跳動了一下，感覺空氣中彷彿火花四射……

他們不會吵起來吧？我心裡七上八下。問題是這兩個人明明在學校裡沒說過幾句話，怎麼會這麼水火不容啊？

我思索著原因，努力尋找話題，試圖打破這個僵局：「那、那個，脩同學，既然都來了，要不要吃個冰再走？」

「吃冰？妳在學校不是說要做果凍嗎？還說沒有冷凍庫……」

我笑而不語，果然大家一定都會很驚訝吧？我從保冷箱裡拿出Patisserie Fleur幫忙做的，尚未結冰的心形果凍。

「看吧！它還是果凍啊！」脩同學說道。

我對他說：「等一下。」然後把鹽撒在裝滿冰塊的臉盆裡，用夾子以畫圓的方式攪拌均勻，再放入果凍。只見冰塊逐漸融化，過一會兒就變成冰水。

冰塊變得更容易攪拌後，我繼續把冰水和鹽攪拌均勻。透明的果凍在正中央轉動，從碰到冰塊的地方開始變得不透明。

「啊！這是……冰棒的實驗！原來如此，妳看到關於自由研究的那本書時，才會那麼高興，原來是因為這個啊！」聽到脩同學這麼說，我真的很開心。

「我就知道脩同學一定能明白！」

「我沒做過，原來真的會結冰啊。」

「啊！現在不可以把手放進去，會受傷的。」

「凍傷嗎？」

「對，因為最冷的部分已經降溫到零下二十一度。」

「哇！好神奇啊！」

我開心的用夾子把果凍從冰水裡取出來。提醒他：「現在還沒完全結冰，如果你想吃冷凍完全的，請晚一點再來。」

我用水沖洗一下稍微結冰的果凍，準備交給脩同學。就在我的手差點碰到脩同學的手時，蒼空同學突然搶走我手中的果凍，轉身遞給脩同學：「給你！」

這是怎麼回事？我感到莫名其妙。

「廣瀨你……真的很幼稚，有必要這麼明顯的破壞嗎？」脩同學有點傻眼的說。

「什麼破壞？我只是給你果凍而已啊！」原本一臉得意的蒼空同學氣呼呼的說。

「理花同學真是太沒有眼光了，正常人應該都會選擇我，而不是幼稚的廣瀨吧？」脩同學說道。

欸，為什麼會扯到我頭上？正常人都應該選擇我……難不成，他還沒有放棄跟我一起做實驗的念頭嗎？

我大吃一驚的同時，蒼空同學一臉不服氣的抗議：「什麼？你說誰幼稚？我們明明一樣大！」

哎呀！大事不好，不會真的吵起來吧？正當我不知如何是好時——

「不好意思，**打擾一下……**」耳邊傳來低沉的成熟嗓音，我回頭看，頓時瞪大了雙眼，因為有個長得很高的男人正站在我們背後。

「咦？」

男人臉上掛著穩重的微笑，長相非常英俊。我好像在哪裡見過……但又想不起來……到底是在哪裡呢？

男人對蒼空同學說：「主廚請我送果凍來，放在這裡可以嗎？」

「葉大哥！謝謝你，請放在這裡！」蒼空同學回答。

「葉……大哥？」

好像在哪裡聽過這個名字……我側著頭苦思。只見那個人對我說：

「我是Patisserie Fleur新來的員工新田葉，妳是佐佐木理花同學吧？妳好，常聽主廚提起妳。」

聽到這裡，我終於想起來了。上次衝進店裡的時候，他或許也在！因為他今天沒有穿制服，所以我才認不出來！

咦，等等……他說爺爺經常提起我？我、我做了什麼!?

看見我驚慌失措的樣子，葉大哥輪流打量我和蒼空同學、脩同學三個人後，噗哧一笑。

「現在蒼空是遇上強勁的對手嗎？事情越來越有趣了。」

脩同學微微挑眉，勝券在握的露出微笑。

另一方面——

「什麼強勁的對手？這句話是什麼意思？什麼事越來越有趣了？」

蒼空同學一臉不高興的追著葉大哥問。

「你就是這種地方像個小孩子……」脩同學故意挑釁地說，蒼空同學對他投以尖銳的視線。

大事不妙！當我陷入左右為難時，有個高亢的聲音插了進來：

「理花同學！」

原來是百合同學和小唯、奈奈來了！劍拔弩張的氣氛馬上一掃而空，妳們簡直是我的天使！

其他同學也陸續出現，對著脩同學說：「咦？是石橋同學！你不是說你不來嗎？」疑問聲此起彼落。

倏同學露出有些煩躁的表情，丟下一句「我先回去了」，就急急忙忙的離開了。

呼……得救了。

看見我鬆了一口氣，百合同學說：「還沒開店嗎？」百合同學和小唯、奈奈都換上五顏六色的浴衣，看起來好可愛。

「還在準備……稍等一下。」

我問媽媽還要多久，媽媽說：「她們都有幫忙，所以可以免費先給她們幾個！是謝禮！」

看到果凍，百合同學大聲歡呼：「這也太可愛了吧！」

「多虧有百合同學提供的創意！」

我向她表達謝意，百合同學似乎有些不好意思。

「這裡頭沒有加乳製品，所以小唯也可以吃！」

「謝謝！」

百合同學一行人吱吱喳喳，等不及的準備伸手來拿，但現在還不能給她們果凍。

「要再等一下！」

聽到我這麼說，大家都一臉困惑，她們以為馬上就可以吃到果凍。

「要先做一個小『實驗』！」

「實驗？」

「我要讓這些果凍結冰！」

「咦？可是又沒有冷凍庫。」

「看我的！」

我跟剛才一樣，把冰塊倒進臉盆，再加入鹽巴，然後將果凍放進做好的冰水裡，讓果凍在裡頭「游泳」三分鐘。

我實在太期待她們看到成果的反應了，我與蒼空同學互看一眼，忍不住竊笑。

「這是『科學的水果果凍冰』！」

我和蒼空同學異口同聲的說出這句話，現場歡聲雷動。看到從冰水裡拿出來的果凍，所有人都驚呆了！

「真的假的！怎麼會結冰？」

「咦？只是放進冰水裡不是嗎？」

「關鍵其實是鹽巴！」我比照之前對蒼空同學解釋的方法向大家說明，大家都覺得很神奇，雙眼發光。

「好好玩！理花同學好厲害！」

小唯和奈奈都表現出大受感動的樣子，反而讓我有點不好意思。百合同學與有榮焉的笑著說：「因為理花同學是理化的專家啊！」

聽到百合同學說得像是自己的事一樣，我簡直不敢相信自己的耳朵。

哇！該怎麼說呢……我好高興！做夢也沒想到事情會發展成這樣，所以感到加倍開心。

班上同學興高采烈的逛廟會時，我和蒼空同學簡直手忙腳亂！媽媽看到大家的反應，也想讓其他客人觀賞果凍結冰的過程，這個點子吸引了大家的注意力！

果凍結冰的「實驗」大受歡迎，果凍冰的攤位前面，排起了長長的人龍！終於只剩下最後一個果凍了。

太棒啦！全部賣完了！我感動萬分的將果凍親手交給今天的最後一位客人。

「這是最後一個！」

耳邊傳來似曾相識的聲音：「太好了，差點就吃不到了。」聲音的主人竟然是蒼空同學的爺爺！

爺爺笑著說：「哦？就是這個嗎？」爺爺接過果凍冰，前後左右、上上下下，轉著看了一圈後，吃下一口。

我和蒼空同學屏氣凝神，仔細觀察他的反應。

只見爺爺細細品嚐後，最後才吞下去。接著，他開心的笑了：「很好吃，因為是我做的果凍，味道當然沒問題，不過口感變得非常好。」

「哇啊啊啊！我們做到了！」蒼空同學和我情不自禁的互相擊掌！太棒了！

「你們靠自己可以想到這些，真了不起。」爺爺大口大口地吃完果凍後，佩服的說。

耶！得到爺爺的稱讚了！我驚喜萬分，爺爺把手放在蒼空同學頭上，揉亂了他的頭髮。

「有理花同學幫忙，蒼空簡直是如虎添翼呢！」

「是不是？我就說嘛！」

哇啊啊啊，好害羞！

可是我也一樣，只要和蒼空同學在一起，做什麼事都能事半功倍！

我很想這樣回答，可是又擔心引起不必要的誤會，所以在最後一刻還是把話吞回去。

雖然說不出口，但只要有蒼空同學的陪伴，感覺無論再艱難的問題，我都能勇於挑戰，就算是「殿堂級的甜點」，總有一天也能製作出來……

我果然想和蒼空同學一起做出「殿堂級的甜點」啊！

只要和蒼空同學同心協力，相信有朝一日，我們一定能做出來。我懷著這樣的憧憬仰望星空。

繁星點點，今晚的夜色美極了。

21 一生日快樂

廟會非常成功，果凍超級受歡迎，全都賣光了！主辦活動的媽媽們也非常感謝我。因為Patisserie Fleur製作的果凍本來就很好吃，加上當場表演結冰過程的「實驗」，似乎吸引到相當多的小朋友。

「媽媽說明年也要拜託我們呢！」廟會的善後作業還在忙碌的進行中，我和蒼空同學已經坐在操場的攀爬架頂端，喝著大人犒賞我們的彈珠汽水。

彈珠汽水簡直透心涼，可是我一整瓶都快喝完了，還是覺得口渴，大概是因為我一直處於極度緊張的狀態。

如果不趁現在把禮物送出去，或許就再也沒勇氣給他了。

蒼空同學的彈珠汽水還剩下半瓶，喝完的話，他可能就要回去了……加油啊！理花！拿出勇氣來！

「蒼、蒼、蒼空同學。」

「什麼事？」

「那個……祝你生日快樂！」我向蒼空同學遞出一個紙袋。

「怎麼回事？」蒼空同學瞪大了雙眼。

「那個，今天是你的生日對吧？」

「啊……沒錯！」

「你忘了嗎？」

「因為先前已經收到禮物了，而且明天才要吃蛋糕，所以不覺得今天是什麼特別的日子。」蒼空同學似乎有些靦腆。

「生、生日快樂。」我又說了一遍。蒼空同學爽朗的笑著回答：「謝謝妳！我可以現在打開嗎？」

「可以。」

蒼空同學拿出紙袋裡的東西。「哇，好棒，這是……」他的眼睛就像星星一樣閃亮。

我點點頭。

「我希望能用我們一起想的食譜，把這本填滿，加上我的那本，總有一天一定能製作出『殿堂級的甜點』。」我一口氣說完，蒼空同學盯著我送給他的禮物看了好一會兒。

「如果只有我一個人，大概辦不到吧？」蒼空同學看著我，笑得很燦爛。「可是如果和理花一起，好像就能辦到。」

就在我對蒼空同學的笑臉感到怦然心動時，耳邊傳來「砰」的一聲巨響，火花在蒼空同學的身後炸開！

「放煙火了！好壯觀！好漂亮！」

忘記之前是誰有說過，廟會這天也會舉辦煙火大會，沒想到從這裡就可以看到這麼漂亮的煙火！煙火不斷升空，彷彿在為廟會的尾聲增添色彩！黃色、紅色、綠色、白色……簡直就像是我們做的果凍冰。

「這裡其實是看煙火的最佳據點！妳不知道吧？」蒼空同學一臉惡作劇成功的表情，笑嘻嘻的說：「明年也一起在這裡看吧。」

「……嗯！」

明年也是、後年也是，要是能永遠一起看煙火就好了。我凝視著蒼空同學，在心裡祈禱。煙火的火光照亮了蒼空同學的輪廓，光彩奪目。

22 記錄的第一道菜單

「打擾了！」

富有朝氣的聲音響徹雲霄，抬頭一看，蒼空同學正從實驗室的門口走進來。

終於等到這一天，我和蒼空同學約好要做久違的實驗。其實我好希望每天都能跟他做實驗，可是即將升上六年級，有很多的暑假作業。另一方面，蒼空同學為了讓數學和理化能夠變得更好，報名了學校的暑假輔導課，再加上他還要打棒球，忙得不可開交。

咦？蒼空同學背著一個好像要去登山的大背包。

「那個行李是怎麼回事？」

「就是那個呀！」蒼空同學笑著說。

啊！我想起不久之前蒼空同學曾經向我獻寶，那裡面是他提前收到的生日禮物。

他從背包裡一一亮出道具：「調理盆、打蛋器，當然了！還有量杯、刮刀、方型淺盤和溫度計！」

沒錯，蒼空同學收到的生日禮物其實是一整套的烹飪器材。實驗室也有很多工具，但多半是實驗的工具，不太適合製作真正的料理。燒杯和量杯雖然長得差不多，但用起來的感覺還是不一樣！

既然接下來要製作殿堂級的甜點，工具也很重要！

「明年要請爸爸媽媽送我什麼生日禮物呢？」蒼空同學看著擺放整齊的工具，似乎已經在盤算一年後的事。

我忍不住噗哧一笑。

蒼空同學說：「還有這個！」他把手伸進背包裡。「最重要的東西！」他拿出一本筆記本。

我覺得好高興，壓抑不住逐漸上揚的嘴角，因為那本「食譜筆記」

是我送他的生日禮物。雖然是很普通的空白筆記本，但是封面有用油性筆畫圖，還用貼紙裝飾了一番。

蒼空同學將我寫在正中央的「食譜筆記」標題前，加上「殿堂級的」幾個大字，看得我忍不住大笑。

「第一道甜點要做什麼呢？」我滿心期待的問他。

蒼空同學有些意外的挑起一邊的眉毛說：「我決定了！我要把我們一起發明的甜點全部寫下來……所以第一道是這個吧？」

蒼空同學拿出鉛筆，在第一行寫下斗大的標題，我不禁瞪大雙眼——「科學的水果果凍冰」

雖然這只是我們通往殿堂級甜點之路的第一步，但我覺得好感動，蒼空同學在一旁偷看我的表情，笑得很開心。

「——接下來要做什麼？」

23 藏在照片裡的謎團——廣瀨蒼空的故事

當天晚上，我已經準備上床睡覺了，突然間，我從被窩裡跳起來。

「慘了！我忘記整理工具了！」

我的調理工具已經在理花家的實驗室裡洗乾淨，放進背包裡了，但是，如果不晾乾的話就會生鏽的。爺爺說過，珍惜工具是做甜點的基本功夫，幸好我想起來了！

夏天悶熱的空氣令人感到心煩，我走向烘焙坊，發現燈還亮著。我還以為是爺爺？結果發現不是，原來是葉大哥。只見葉大哥目不轉睛，盯著貼在牆上的老照片看，臉色十分古怪。

那是爺爺以前在當學徒的烘焙坊前所拍的照片，照片中有許多身穿雪白制服的人，爺爺奶奶就在角落。

當時兩人都還很年輕，爺爺的頭髮也還沒變白。烘焙坊的人不是紅頭髮就是咖啡色頭髮，再不然就是金髮，沒有其他黑頭髮的人，所以爺爺異常顯眼。

「葉大哥？」

我推開門，輕聲呼喚，葉大哥嚇了一跳，身體劇烈的抖動了一下。

他把臉轉過來，對著我露出一如往常的微笑。

「是你啊？怎麼啦？這麼晚了還不睡？」

「我想來保養一下工具，葉大哥呢？」

「我也是。」

說是這麼說，但是放眼望去，根本沒看到他所說的工具。我覺得很奇怪，葉大哥的視線又回到照片上，指著紅頭髮、藍眼睛的奶奶說：「這位是你的奶奶吧？你長得跟她好像。」

聽說我的五官確實很像奶奶。

「她叫什麼名字？」葉大哥又問。

「Fleur。這家店的名字就是取自奶奶的名字。」

「果然——Je l’ai finalement trouv’e.」葉大哥小聲的自言自語。

什麼意思？這是哪一國的話？我聽不懂他在說什麼。看見我皺眉，葉大哥微微一笑。

他的笑容看起來很高興的樣子——

不知道為什麼，我的心湖掀起陣陣漣漪。

後記

大家好！

非常感謝大家收看《理科少女的料理實驗室》第二集！這次有兩位新登場的人物（nanao老師畫的插圖真是太好看了！），尤其是脩同學簡直貫穿了第二集，大家有沒有感到緊張刺激、臉紅心跳呢？

事出突然，我想考一考大家！這次的甜點是果凍，下次的甜點又會

是什麼呢？這個問題有點難吧！（笑）

提示是下次也是暑假（後半段）的故事。說到暑假……大家會想到什麼呢？知道的人請務必告訴我！

非常感謝nanao老師、各位編輯、校對、美術設計及所有參與這本書的人，這次也把書製作得非常精美，真的非常感謝大家！

第三集很快也會推出，敬請期待！

山本史

蒼空的藍天甜點教室

和我一起
立志成為殿堂級的
甜點師傅吧！

科學的水果果凍冰

材料			
果凍粉	6克	喜歡的水果罐頭	適量
鹽	2大匙	冰	2杯

1. 如果使用新鮮的水果，請先用煮沸的熱水加熱1分鐘。

如果是罐頭水果就不用加熱，
可以直接使用喔！想必大家已經知道原因了。

2. 將果凍粉溶解在加熱後的罐頭糖漿裡，加入水果。

3. 倒入模型。

既然要做，要不要乾脆做成可愛的形狀？
做得小一點比較容易結冰喔！

4. 放入冰箱，冷藏2小時。

果凍完成了！

接下來要施加魔法了！

5. 在容器裡倒入2杯冰塊，加入2大匙的鹽。

6. 把果凍移到塑膠袋裡，放進完成的冰水中攪拌3分鐘。

瞧！周圍開始慢慢的凍結！
不管看幾次都覺得好神奇！

大家是否都順利完成了？萬一失敗，
要改變冷卻的方法或份量進行「驗證」！

※料理時要先跟家裡的人報備喔！

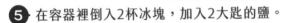

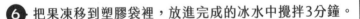

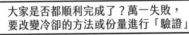

下集預告

蒼空：嗯！葉大哥到底是何方神聖……？

理花：蒼空同學，暑假也一起做實驗吧！

蒼空：好啊！一定要縮短與「夢幻甜點」的距離！

脩：別忘了還有暑假作業喔！

蒼空：唉，真掃興！

脩：別理廣瀨了，跟我一起過暑假吧。

理花：啊！……（汗）百合同學快救救我！

暑假進入下半場！

大家一起去露營！自由研究！！

居然開始較勁起來了！？

蒼空 脩：我才不會輸給你！

友誼搭檔競爭白熱化？令人移不開目光的暑假後半場！

故事館 027

理科少女的料理實驗室 2：少了誰都不行的友情果凍！

理花のおかしな実験室〈2〉難問、友情ゼリーにいどめ！

作　　者　山本 史
繪　　者　nanao
譯　　者　緋華璃
專業審訂　施政宏（彰化師範大學工業教育系博士）
語文審訂　張銀盛（臺灣師大國文碩士）
責任編輯　陳彩蘋
封面設計　張天薪
內頁設計　陳姿廷

出版發行　采實文化事業股份有限公司
童書行銷　張惠屏・侯宜廷・林佩琪・張怡潔
業務發行　張世明・林踏欣・林坤蓉・王貞玉
國際版權　鄒欣穎・施維真・王盈潔
印務採購　曾玉霞・謝素琴
會計行政　許俽瑀・李韶婉・張婕莛
法律顧問　第一國際法律事務所　余淑杏律師
電子信箱　acme@acmebook.com.tw
采實官網　www.acmebook.com.tw
采實臉書　www.facebook.com/acmebook

ISBN　978-626-349-307-0
定　　價　320 元
初版一刷　2023 年 7 月
劃撥帳號　50148859
劃撥戶名　采實文化事業股份有限公司
104台北市中山區南京東路二段95號9樓
電話：(02)2511-9798　傳真：(02)2571-3298

線上讀者回函

立即掃描 QR Code 或輸入下方網址，連結采實文化線上讀者回函，未來會不定期寄送書訊、活動消息，並有機會免費參加抽獎活動。
https://bit.ly/37oKZEa

國家圖書館出版品預行編目資料

理科少女的料理實驗室 . 2, 少了誰都不行的友情果凍！/ 山本 史作 ; nanao 繪 ; 緋華璃譯 . -- 初版 . -- 臺北市 : 采實文化事業股份有限公司 , 2023.07
288 面 ; 14.8 × 21 公分 . -- (故事館 ; 27)
譯自 : 理花のおかしな実験室 . 2, 難問、友情ゼリーにいどめ！
ISBN 978-626-349-307-0(平裝)
1.CST: 科學 2.CST: 通俗作品
307.9　　112007723

采實出版集團
ACME PUBLISHING GROUP